香榧林地土壤质量特征与果实品质评价

主 编 刘海英 傅伟军 蒋仲龙

ZHEJIANG UNIVERSITY PRESS
浙江大学出版社

图书在版编目(CIP)数据

香榧林地土壤质量特征与果实品质评价/刘海英，傅伟军，蒋仲龙主编.—杭州：浙江大学出版社，2023.3
ISBN 978-7-308-23114-5

Ⅰ.①香… Ⅱ.①刘… ②傅… ③蒋… Ⅲ.①香榧—果树园艺—研究 Ⅳ.①S664.5②TS255.6

中国版本图书馆CIP数据核字(2022)第181287号

香榧林地土壤质量特征与果实品质评价

刘海英　傅伟军　蒋仲龙　主编

责任编辑	季　峥	
责任校对	潘晶晶	
封面设计	十木米	
出版发行	浙江大学出版社	
	（杭州市天目山路148号　邮政编码310007）	
	（网址：http://www.zjupress.com）	
排　　版	杭州星云光电图文制作有限公司	
印　　刷	广东虎彩云印刷有限公司绍兴分公司	
开　　本	710mm×1000mm　1/16	
印　　张	13	
字　　数	199千	
版 印 次	2023年3月第1版　2023年3月第1次印刷	
书　　号	ISBN 978-7-308-23114-5	
定　　价	68.00元	

编委会

前　言

香榧（*Torreya grandis* 'Merrillii'）是我国特有的高档干果和木本油料树种，主要分布于浙江会稽山脉的诸暨、柯桥、嵊州及东阳。

香榧果实具有较高的食用、药用和经济价值。其形如橄榄，外壳坚硬，炒制后口感香脆，富含蛋白质、维生素和矿质元素等，有极好的保健和药用效果。近年来，其畅销国内外市场，成为人们所喜爱的坚果食品。

香榧产业因其较高的经济价值而迅速发展，然而快速发展也带来了一些问题，如土壤酸化、土壤养分失衡、病虫害加剧等。随着我国农业生产从数量型向质量型、效益型转变，充分掌握农林产品土壤质量情况，既是农林业结构调整的需要，也是生产无公害农林产品、绿色食品和有机食品的需要，同时是土地管理和可持续发展的基础。本书以香榧林地土壤养分时空变化为主线，重点阐述了香榧林地土壤肥力的空间格局与影响因素、土壤肥力与立地条件、土壤肥力与经营措施、根际土壤微生物、叶片及土壤生态化学计量、香榧果实品质评价等内容，旨在为香榧的可持续发展提供理论和技术指导。

本书共分十章。第一章回顾了香榧栽培概况；第二章介绍了研究区概况与研究方法；第三章分析了香榧主产区林地土壤养分空间异质性及其肥力评价；第四章解析了不同树龄香榧土壤有机碳特征及其与土壤养分的关系；第五章阐述了香榧叶片与土壤碳、氮、磷生态化学计量特征;第六章研究了不同立地与经营措施对香榧林地土壤肥力的影响;第七章探讨了香榧根际土壤微生物多样性;第八章探明了香榧根腐病株根际土壤微生物群落特征;第九章阐明了浙江省香榧质量评价体系;第十章总结了本书的主要结论,并提出了香榧林地土壤管理的建议。

由于作者研究领域和学识有限,书中难免有不足之处,敬请读者不吝批评、赐教。

刘海英　傅伟军　蒋仲龙
2022 年春于杭州

目　录

第一章　香榧栽培概述 ……………………………………………（1）
　　第一节　香榧简介 ………………………………………………（1）
　　第二节　香榧的丰产栽培技术 …………………………………（14）

第二章　研究区概况与研究方法 ………………………………（25）
　　第一节　土壤性质研究 …………………………………………（25）
　　第二节　不同立地与经营措施对香榧林地土壤肥力的影响
　　　　　　…………………………………………………………（33）
　　第三节　香榧根际土壤微生物多样性及根腐病的研究 ………（38）
　　第四节　浙江省香榧质量评价体系研究 ………………………（46）

第三章　香榧主产区林地土壤养分空间异质性及其肥力评价 ………（49）
　　第一节　香榧主产区林地土壤养分空间异质性 ………………（49）
　　第二节　香榧主产区林地土壤肥力评价 ………………………（53）

第四章　不同树龄香榧土壤有机碳特征及其与土壤养分的关系 ……（58）
　　第一节　不同树龄香榧土壤有机碳特征 ………………………（58）
　　第二节　天然次生林改造成香榧林对土壤活性有机碳的影响
　　　　　　…………………………………………………………（63）
　　第三节　土壤有机碳与土壤养分的关系 ………………………（67）

第五章　不同林龄香榧叶片与土壤碳、氮、磷生态化学计量特征 ……（71）
　　第一节　香榧幼林叶片与土壤碳、氮、磷生态化学计量特征
　　　　　　…………………………………………………………（71）
　　第二节　不同林龄香榧林生态系统碳储量初步研究 ………（76）

第六章　不同立地与经营措施对香榧林地土壤肥力的影响 ………… （82）

　　第一节　不同母岩发育的香榧林地土壤肥力的差异 ……… （82）

　　第二节　不同经营年限下香榧林地土壤肥力的差异 ……… （87）

　　第三节　不同种植坡位对香榧林地土壤肥力的影响 ……… （93）

　　第四节　不同垦殖方式下香榧林地土壤肥力的分布特征

　　　　　　………………………………………………………（101）

　　第五节　不同施肥处理对香榧林地土壤肥力的影响 ………（108）

第七章　香榧根际土壤微生物多样性研究 ………………………（113）

　　第一节　不同种植年限下香榧根际土壤微生物多样性研究

　　　　　　………………………………………………………（113）

　　第二节　诸暨不同海拔香榧根际土壤微生物多样性研究

　　　　　　………………………………………………………（123）

　　第三节　临安不同海拔香榧根际土壤微生物多样性研究

　　　　　　………………………………………………………（133）

第八章　香榧根腐病株根际土壤微生物群落特征研究 ………（143）

　　第一节　根腐病对香榧生长及土壤理化性质的影响 ………（143）

　　第二节　香榧根腐病株根际土壤微生物群落多样性与组成

　　　　　　特征 ………………………………………………（147）

　　第三节　香榧根腐病株根际土壤酶活性和微生物代谢功能

　　　　　　特征 ………………………………………………（153）

　　第四节　植物、土壤性质和微生物群落的关系 …………（158）

第九章　浙江省香榧质量评价体系研究 ………………………（163）

　　第一节　浙江省香榧及其油脂综合性状研究 ……………（163）

　　第二节　浙江省炒制香榧中九种矿质元素含量的研究 ……（172）

第十章　结论与建议 ………………………………………………（179）

　　第一节　主要结论 …………………………………………（179）

　　第二节　研究展望 …………………………………………（187）

参考文献 …………………………………………………………（190）

第一章　香榧栽培概述

第一节　香榧简介

一、香榧的栽培利用历史

榧树（*Torreya grandis*），常绿乔木，属红豆杉科（Taxaceae）榧树属（*Torreya*），为我国特有的珍贵经济生态树种。

香榧是榧树中的优良变异类型经人工培育而成的优良品种，其主要性状和经济价值有别于榧树中其他实生榧树的变异类型。香榧的栽培利用远迟于榧树。在香榧出现以前，榧实（即榧树的种子，又称榧子）早已供药用。

（一）榧树的栽培利用历史

1. 药用

古籍中称榧树为彼、柀玉排、赤果、玉山果等。公元前2世纪初的《尔雅》对其即有记载："彼（即榧），杉也。其树大连抱住，高数仞，其叶似杉，其木如柏，作松理，肌细软，堪为器具。"它指出榧实似杉，高大乔木，木材可作器具，但未指出榧实的用途。有关榧实的利用最早见于药书。公元3世纪初，《神农本草经》首次将榧实归于虫部，列为下品："彼子味甘温，主腹中邪气，去三虫，蛇螫蛊毒，鬼疰伏尸。"它认为榧实能驱邪去毒，治疗脑、胸、腹疾病和儿童夏季发热病。公元6世纪初，陶弘景《名医别录》记载："彼能消谷，助筋骨，行营卫，明目轻身，令人能食，多食一二斤不发病。"它指出榧实具有助消化、健筋骨、明目、保健等功能。此后，唐代的《食疗本草》《唐本草》《外台秘要》和宋代的《图经本草》《本草衍义》都有榧实供药用的记载。明代李时珍的

《本草纲目》集历代医家之说,将榧实的疗效归纳为"气味甘、温、平、涩、无毒","常食治五痔。去三虫蛊毒,鬼疰恶毒,疗寸白虫","消谷、助筋骨、行营卫、明目轻身,令人能食、多食滑肠,五痔人宜之,治咳嗽,白浊,助阳道",并指出"榧实,柀子治疗相同,当为一物无疑"。

2. 食用

榧实供食用,最早见于公元 8 世纪唐代陈藏器所著《本草拾遗》,书中载有:"柀与榧同,榧树似杉,子如长槟榔,食之肥美。"北宋李昉等编著的《太平广记》记载:"唐敬宗宝历二年(公元 826 年)浙江送朝廷舞女二人,一曰飞燕,一曰轻风……所食多荔枝、榧实……"这说明当时榧实已作为美容食品。至北宋,榧实已被视为珍果出现在公卿士大夫餐桌上,如北宋诗人苏轼在《送郑户曹赋席上果得榧子》的诗中写道:"彼美玉山果,粲为金盘实……祝君如此果,德膏以自泽。愿君如此木,凛凛傲霜雪。"苏轼在其所著的《物类相感志》中还载有:"榧煮素更,味更甜美。猪脂炒榧,黑皮自脱。榧子甘蔗同食,其渣自软。"南宋以来各地的府县志均有榧实的记载。公元 1214 年成书的浙江最早的地方志《剡录》中也载有:"玉山属东阳,剡暨接壤,榧多佳者。"宋代诗人僧善权《榧汤诗》云:"'久厌玉山果,初尝新榧汤',榧肉和以生蜜,水脑作汤奇绝。"这说明北宋时榧实不仅作为干果,而且可用于制作羹汤。此后,《尔雅翼》《长物志》《艺苑雌黄》等史籍都有榧实食用或加工方法的记载。

(二)香榧的起源

榧树与香榧是物种与品种之间的关系。榧树的分布遍及浙、闽、皖、赣、苏、湘、鄂、黔诸省份,地域广阔,加上雌雄异株,异花授粉,实生后代分离很大,种内性状变异十分复杂。香榧就是从榧树自然变异中选出的优良类型或单株经嫁接繁殖而成的优良品种。

现普遍认为,香榧的祖先是玉山榧、蜂儿榧,后称细榧。史籍中所介绍的柀子、榧实,是榧树种子的通称,并没有指出榧实有好坏之别,但在社会实践中人们已发现榧实有好坏之分,并有目的地繁殖栽培好的品种类型。到了宋代,种植好品种已发展到相当规模,且作为珍品出现在士大夫的餐桌上和馈赠礼品中。苏轼曾在其诗中赞誉"柀美玉山果",指出"玉山果"(即玉山榧)是榧中佳品。玉山当时属东阳县,今在金华市磐安县玉山镇和尚湖镇一带,是古代香榧发源地之一,也是现在的香榧主产区,百年至千年以上嫁接香榧大树有 3000 多株。由此可见,玉山榧极有可能就是香榧的祖先。

　　南宋学者叶适曾在收到东阳人郭希吕的《玉山榧》后,作《蜂儿榧歌》一诗回赠:"平林常榧啖俚蛮,玉山之产升金盘。洞中一树断崖立,石乳荫根多岁寒。形嫌蜂儿尚粗率,味嫌蜂儿少标律……"诗中明确指出玉山榧即蜂儿榧,而蜂儿榧是榧中珍品。"平林常榧啖俚蛮,玉山之产升金盘"是说平常的榧实是供粗俗人吃的(即啖俚蛮),只有玉山产榧实是盛入金盘的珍品。玉山榧外形似蜂腹状(见图1-1),故名蜂儿榧(形嫌蜂儿尚粗率)。香榧细长,外形极似蜂腹形状。南宋玉山尚湖人何坦(淳熙进士),赞蜂儿榧诗:"味甘宣郡蜂雏蜜,韵胜雍城骆乳酥。一点生春流齿颊,十年飞梦绕江湖。"蜂儿榧名盛一时。清代玉山人周显岱《玉山竹枝词》中诗句"秋风落叶黄连路,一带蜂儿榧子香。"诗中自注:"黄连地名,在封山(即玉山)西二十里,从杜家岭取道而入,地产榧,最佳者,其细长,名蜂儿榧。"黄连即现在的玉山镇黄里村,是香榧古今产地。这说明蜂儿榧是榧中最佳者,形细长,与今天的香榧形状、品质和产地完全相符。清康熙《新修东阳县志》载:蜂儿榧形似黄蜂之肚,故名。这进一步证明蜂儿榧即香榧。

图 1-1 香榧种核与蜂腹形状

　　古代,在绍兴柯桥、诸暨、嵊州及金华东阳等地,香榧也称细榧。明《万历嵊县志》载:"榧子有粗细两种,嵊尤多。"至今这些地方,仍称香榧为细榧,而称香榧以外的实生榧树为粗榧、木榧或圆榧。

　　由上述文献记载可见唐代以前统称的榧子,宋代开始出现的玉山榧、蜂儿榧,以及后来的细榧,都是香榧的祖先。

　　香榧之名称首次见于地方志是清《乾隆诸暨县志》卷十九之《物产志》:"邑东乡东白山、上谷岭一带山村皆产榧……有粗、细两种,以细者为佳,名曰香榧。"1924年植物分类学家秦仁昌发表《枫桥香榧品种及其栽培调查》,首次在科学文献上将嫁接的良种榧称为香榧。

　　最能说明香榧发生发展历史见证的是香榧古树。近年来,绍兴柯桥、诸暨、嵊州及金华东阳、磐安等重点产榧地区都先后进行了香榧古树调查,结果发现香榧古树数量之多、形态之美、寿命之长、经济效益之高,堪称华夏一绝。据黎章矩等（2005）研究，5 个县（区、市）共有百年以上嫁接香榧古树64252 株：诸暨有 40754 株，其中 500～1000 年的有 1376 株，千年以上的有27 株；柯桥有 4927 株，其中千年以上的有 9 株；嵊州有 11571 株，其中 600年以上的有 6 株；东阳、磐安分别有 4000 余株与 3000 余株。年龄最大的香榧古树已达 1500 年，分布于绍兴市稽东镇。诸暨赵家镇西坑村 1 株 1350 年的香榧古树树高 15m，胸径 2.95m，冠幅 26m，至今结实累累。磐安县墨林乡东川村 1 株 1200 年的香榧古树树高 30m，基径 2.9m，最高年产果 900 余千克。

以上分析可见，香榧起源于唐代，推广于宋代，元、明、清时期得到大规模发展。其不同时期名称变异如下：

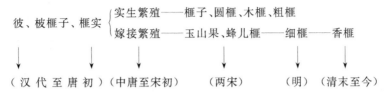

二、香榧的生物学特性

（一）香榧的生长结实习性

1. 生育特性与结实周期

榧树属于生长慢、结实迟、寿命长的树种。自然生长的百年实生榧树树高仅 10m 左右，胸径 20～30cm。人工栽培下，实生苗第 1～2 年生苗长缓慢，1 年生苗高仅 15～20cm，2 年生苗高 20～40cm，从第 3 年起生长加快，年高生长量达 30cm 以上，干径年增长量可达 1cm 左右；一般 20 年左右开始结实，寿命可达千年。

嫁接香榧树生长和结实的快慢因砧木大小和管理好坏而异。砧木越大，接后生长和结实越快。直径 8～10cm 的砧木嫁接，一般 3～4 年挂果，10～12 年进入盛果期。大砧木就地嫁接，抽枝年生长量达 60cm 以上，大枝直径年增长量可达 1～2cm，一般 5～6 年可形成完整树冠。

香榧寿命极长，经济寿命可达百年至千年以上。浙江会稽山区香榧产量 90% 来自 50 年至数百年的大树，300～500 年、株产 200kg 以上果实的大树随处可见，所以香榧一旦投产，长期得益。

2. 根系

香榧属浅根性树种，它只在幼年期有明显的主根；随着树龄增长，侧根

分生能力增强,生长加速,主根生长受到抑制。进入盛果期后,骨干根、主侧根和须根组成发达的水平根系,主根深仅 1m 左右。根系的水平分布为冠幅的 2 倍左右,多至 3～4 倍;根系垂直分布多在 70cm 深土层内,少数达到90cm,密集层在距地表 15～40cm 深处。根系皮层厚,表皮上分布多而大的气孔,具有好气性,林地深翻能促使根系向深广方向发展。根系再生能力强,一旦断根,能从伤口的愈伤组织中产生成簇的新根,且粗壮有力。

香榧根系周年生长,无真正的休眠期,全年有 3 个生长高峰期。在根系生长高峰期的后期,多数须根尖端发黑自枯,随即在自枯部位的中后部萌发新的根芽,相继进入下一个生长高峰期。如此周而复始,不断分叉,形成庞大的吸收根群网络。

3.芽

香榧芽根据着生位置不同,分定芽和不定芽。芽根据性质不同,可分为叶芽与混合芽,前者抽生营养枝,后者发育成结实枝。混合芽一般由顶侧芽分化而成,生长弱势的下垂枝顶芽也可发育成混合芽,形成结实枝丛,不定芽抽生的枝条,部分当年就可以分化成雌花芽。部分生长旺盛的枝条叶腋间的隐芽当年也可分化成花芽,在幼树和苗木的夏梢上比较常见。

4.枝

香榧多为低位嫁接,枝条斜生,一般没有中心主干。树冠由主枝、副主枝和侧枝群组成。主枝顶端优势明显,其延长枝不会形成混合芽,一直斜向生长。主枝上的原生侧枝多细弱下垂,少数生长旺的,在结实以后也会被压下垂。枝条一旦下垂,生长势变弱,一般不能形成副主枝,只有在主枝顶部受机械损伤后产生一些强壮侧枝,其中一个代替主枝延长枝,余下的个别强壮枝可成为副主枝。因此,副主枝少,而且位置不定。由于副主枝少、侧枝生长势弱,影响主枝的加粗加长,所以主枝多呈细而长、尖削度小的竹竿状,在主枝的节上丛生下垂的是由原生侧枝和次生侧枝(由不定芽萌发的)组成的侧枝群。

(1)枝条特点与结实能力

香榧发枝率高,枝条生长细弱。生于主枝上的 1 级侧枝长度多在 20cm以下,粗度在 0.3cm 左右;2 级侧枝长 6～10cm,粗度在 2～3mm;3 级以上的侧枝群长度仅 1.1～8cm,粗度只有 0.8～2.0mm。侧枝的生长势与结实能力密切相关,如表 1-1 所示。

表 1-1　不同粗度侧枝的结果能力

枝粗/mm	平均枝长/cm	总枝数/支	有大果枝数/支	小果总数/个	有大果枝率/%	果枝平均小果数/个
2.0~2.5	7.41	7	7	37	100	5.28
1.0~2.0	6.28	49	24	119	48.97	2.43
1.0 以下	4.09	44	8	17	18.18	0.38
总数		100	39	13		
平均	5.39				39.00	1.73

注:数据来自 2003 年 8 月调查嵊州市谷来镇袁家岭村 50~60 年香榧中部外围枝条。

(2)侧枝的自我调节特性

香榧当年生侧枝直径仅 1.5mm 以下,单粒种子质量在 8g 以上,而且着生于枝条的顶端,一旦结实,枝条就被压下垂。着生于主枝、副主枝上的原生侧枝,一般第 2 年形成混合芽,第 3 年结实(小果),第 4 年种子发育成熟,所以第 4 年起枝条就开始下垂。下垂枝由于营养和激素不足,生长势逐年下降。同时,在枝条开始下垂时,于下垂枝所在的节上产生不定芽,抽发更新枝(次生侧枝)以代替脱落的枝条。由于老枝不断脱落,新枝不断更新,所以在一个枝节上分布有不同年龄的枝梢,枝龄 1~12 年都有,说明下垂的侧枝组最长寿命可达 12 年。通过自然脱枝、萌发更新枝来保持结实枝组的相对年轻化和旺盛的结实能力,是香榧有别于其他树种的独特性状。

香榧以不定芽产生更新枝条,只发生在斜上或水平生长的主枝、副主枝和生长旺盛的侧枝上,枝条一旦结实下垂,就失去产生不定芽的能力,所以主侧枝在下垂以后(除几个别特别粗壮枝外),就不会产生更新枝。

5.开花结实特性

种子两年成熟,同一树上 2 代种子并存。因种子发育时间长,受外界因子影响多,落花落果较严重。同时,2 代种子并存为采种带来不便。雌球花冬季分化,避免了与枝条生长、种子发育争夺营养的矛盾,在一般情况下不会出现大小年现象。

(二)香榧的生态习性与适生条件

1.生态习性

(1)温度

榧树、香榧对气温的适应性较强。榧树分布北缘在淮河以南,如安徽六安、金寨等地(年平均气温在 15℃左右),南缘在南岭以北的湖南南部、贵州东部(年平均气温在 17.0～17.5℃),以及福建东南部(年平均气温可达18.9℃),在这个范围内榧树生长发育良好。这些榧树分布区的年积温在 4700～6000℃·d。在高海拔山地的榧树分布区,年平均气温和绝对低温更低。黄山、天目山绝对低温达－18℃,年积温 3800℃·d,榧树能正常生长结实;而武夷山海拔 1800m 以上,年积温只有 3018℃·d,但由于绝对低温较高,在－14℃以上,气温变幅小,榧树生长结实正常,树高 20m、胸径达 1m 的大树并不少见。在高海拔山地,绝对低温和气温变幅对榧树的影响比年积温要大。在浙、皖、赣、闽等低海拔的低丘红壤上,夏季高温、强日照是榧树、香榧幼年阶段生长发育的限制因子。在浙江中部海拔 200m 以下低丘,如果植被稀少,林地裸露,夏季气温达 38℃以上,则会产生日灼危害,表现为叶表灼伤,幼梢枯萎,甚至整株枯死,不死的植株早期也生长缓慢。

(2)光照

榧树、香榧幼林时期耐阴,在低丘平原地区,育苗时若不遮阴,则高温和强光照会使苗木成批枯死,即使遮阴,苗木的光合作用和苗木生长也会出现"夏休"(夏季停止生长)和"午休"现象,生长量大受影响;但随着苗木年龄的增加,需光量逐渐增强,光照不足则会生长不良。结实以后的香榧树需要充足的光照,以保证花芽分化和种子发育需要。光照不足常导致林下香榧不能分化花芽。在产区,香榧结实性能和种仁品质表现为阳坡好于阴坡,坡地好于谷地,树冠外围好于内膛,也是这个原因。

(3)水分

香榧在一年中的不同发育时期对水分要求不同(黎章矩,等,2005)。4—6 月为新梢发育、开花授粉及 2 年生种子的生理落果期,要求雨水调匀、光照充足。其中,4 月中旬至 5 月上旬为开花授粉期,若连遇阴雨,则授粉不良,会大量落花;5—6 月为生理落果期,若连续阴雨、日照不足,光合作用受影响,加上林地积水,新根生长受抑制,进而影响细胞分裂素的合成,两者都会引起正在膨大的幼果脱落,此期的降水时间、降水量与生理落果量呈显著的正相关。8—9 月为种子内部充实时期,若遇长期高温干旱,则会影响种子发育,种仁品质相应下降,成熟期推迟。9—11 月采果后,地上部分其他器官进入相对休眠时期,营养消耗较少,而这时天气温暖晴朗,是有机质积累的最好时期,这时的有机质积累对冬季花芽分化和来春的新梢生长都至关重要。

香榧是抗旱性很强的树种。进入成年的香榧或榧树即使遇到夏、秋季长期干旱也很少有落叶、枯枝和落果现象。夏季高温对香榧的当年产量影响不大,但对枝芽发育、雌雄花芽分化与发育影响较大。大旱的次年,雌雄花显著减少,会导致第 3 年减产。特别是雄花,常因夏季高温干旱,花芽原基形成后不分化发育。

(4)地质环境与土壤

香榧对地质环境与土壤适应性较广。在香榧分布区,岩石类型有常见的凝灰岩、流纹岩、流纹凝灰岩、石灰岩、花岗岩、砂岩、紫砂岩和少量的辉长岩、安山岩、砂砾岩;土壤类型有山地红壤、黄壤、黄红壤、石灰土、黄褐色土和少量第四纪红壤。在上述类型的岩石、土壤上,香榧均能正常生长结实,但种仁品质以在盐基饱和度较高的石灰岩、紫砂岩(含钙的)和安山岩、辉长岩发育的山地红壤、黄壤上生长的为好。

从主产区和引种区的香榧生长发育情况看,在土层深厚、肥沃、有机质含量丰富、疏松、通气、排水良好、微酸性至中性、质地轻黏到砂性的土壤上香榧生长结果良好,过于酸黏和排水不良的土壤不适于香榧生长。

(5)风

香榧为风媒传粉,在临风的缓坡上,香榧易于授粉结实,而在沟谷,因空气湿度大、通风不良,加上光照不足,生长好而结实不良。在海拔较高的山脊和冲风口,香榧冬季易受干冷的风害和寒潮影响,生长和结实都不良。2005 年 3 月的寒潮危害期间,这些地方的香榧落叶落果最为严重。

2. 适生条件

香榧与榧树的生态习性相同,凡有榧树分布的地方,基本上都适于香榧栽培,但要达到高产优质和高效栽培,仍需注意林地选择。

(1)气候

香榧在温暖、湿润、光照充足的立地条件下生长结果良好。以中心产区浙江诸暨为例,年平均气温 16.5℃,年降水量 1600mm,以 5—7 月为多,初霜期在 11 月上旬,终霜期在 3 月下旬,年积温 4600～4800℃·d。在重点产区的赵家镇海拔 600～800m 的钟家岭、骆家尖等地,年平均气温不足 15℃,年积温不足 4000℃·d,香榧产量和品质均居于前列。在具体观察香榧和榧树的地理分布和垂直分布的基础上,认为香榧适生的气候条件为年平均气温 14.5～17.5℃,年平均降水量 1000～1700mm,年绝对低温－18～－8℃,年积温 3500(中山丘陵地)～6000℃·d(中亚热带南缘)。在榧树分布的北缘要注意选择温暖、避风、向阳的立地条件,在中亚热带的低丘要防止高温干旱和强光照危害。

（2）地形地势

香榧和榧树喜地形起伏,但相对高差不大、空气湿润、土壤肥沃、无严寒酷暑的立地条件。在分布区的北缘应选海拔 600m 以下,在中亚热带中部应选海拔 800m 以下,在中亚热带南部应选海拔 1200m 以下,局部地区如福建武夷山区可在海拔 1500m 以下发展。在地形起伏不大、海拔 300m 以下的低丘地区,宜选植被保存较好、空气湿度大的山凹,阴坡造林;在海拔 500m 以上,应选阳坡;在海拔 800m 以上,要选背风（冬季西北风）向阳的小地形造林。在土壤瘠薄的山冈和冲风口,香榧生长不良,在冬季和晚春遇到干冷的西北风时,幼苗、幼树易受冻害。林地坡度应在 30℃ 以下,陡坡只能块状整地,保护林下植被,以利水土保持。

在香榧主产区的会稽山区,海拔 100～800m 的低山丘陵都有香榧分布,但以 300～600m 较多,产量和质量也相对较好。由于过去的香榧林全部是由野生榧树改接而成,所以有无野生榧树资源是香榧分布的先决条件。低海拔、人为活动频繁,榧树资源被破坏,加上立地条件不适于榧树、香榧幼林生长,致使低海拔香榧很少,这不等于低海拔不能种香榧。海拔 300m 以下的低丘,只要地形起伏较大,植被保存较好,环境比较阴湿,香榧均能正常生长结实,即使在高温、干旱的低丘,只要在幼龄阶段采取遮阴、灌溉使香榧度过幼龄期,提早形成林分环境,就能正常结果。

（3）土壤

要求有机质含量高、肥沃、通气、土层厚度 50cm 以上、pH5～7、盐基饱和度高的土壤。由于香榧喜钾,种仁中含钾量居干果之首,所以对土壤钾含量要求较高。香榧根系好气性强,怕积水,所以土壤过于酸黏、积水,均不适于种植香榧。石灰土,特别是黑色淋溶石灰土上香榧生长结实良好,种仁品质也优于其他土壤上的香榧。

三、香榧的价值和效益

（一）香榧的营养价值

香榧种仁风味独特、营养丰富,古代就作为助消化、美容、保健食品。近年来,经成分分析发现其含有丰富的油脂、蛋白质、氨基酸、矿质元素和特殊的维生素。

1. 油脂与脂肪酸

黎章炬和戴文圣(2007)取完熟种仁进行分析,在 48 个样品中,14 个香榧样品种仁含油率为 54.62%～61.47%,平均达 57.02%;其他 34 个实生榧树样品种仁含油率为 39.44%～51.15%,平均 48.02%,含油率高是香榧香脆的主要原因之一。14 株香榧种仁油脂和脂肪酸组成如表 1-2 所示。

表 1-2　香榧种仁油脂和脂肪酸组成

组成	棕榈酸	硬脂酸	山嵛酸	油酸	亚油酸	亚麻酸	二十碳烯酸	二十二碳酸	不饱和脂肪酸
含量/%	8.61	1.61	8.62	35.16	43.21	0.33	0.28	2.18	78.89

香榧种仁油脂含有 8 种脂肪酸,以亚油酸、油酸等不饱和脂肪酸为主,不饱和脂肪酸占脂肪酸总数的 78.89%,是容易消化、有利于降低胆固醇的高级食用油。近年来的研究证明,香榧种仁油脂具有一定的降血脂和降低血清胆固醇的作用,有软化血管、促进血液循环、调节内分泌系统的疗效。食用油脂丰富的香榧能有效地驱除肠道中的绦虫、钩虫、蛲虫、蛔虫、姜片虫等各种寄生虫,并具有杀虫而不伤人体正气的特点,是有效的天然驱虫食品。

2. 蛋白质与氨基酸

香榧是蛋白质含量比较丰富的干果之一。据黎章炬和戴文圣(2007)对 24 个不同产地、树龄的香榧单株种仁样品分析,蛋白质平均含量为 13.47%,变幅为 12.10%～16.81%。香榧种仁氨基酸组成如表 1-3 所示。

表 1-3　香榧种仁氨基酸组成

氨基酸	含量/%	氨基酸	含量/%	氨基酸	含量/%
天门冬氨酸	1.22	丙氨酸	0.59	赖氨酸	0.65
丝氨酸	0.72	脯氨酸	0.62	异亮氨酸	0.69
谷氨酸	1.36	胱氨酸	0.14	亮氨酸	0.90
甘氨酸	0.64	酪氨酸	0.65	苯丙氨酸	0.67
组氨酸	0.27	缬氨酸	0.94	总氨基酸	11.81
精氨酸	1.04	蛋氨酸	0.12	人体必需氨基酸	4.56
苏氨酸	0.59				

香榧种仁含有 17 种氨基酸,总氨基酸含量达 11.81%,人体必需氨基酸占总氨基酸的 38.61%,具有很好的营养价值。

3.维生素

由黎章炬和戴文圣(2007)的研究可知,香榧种仁中含有 5 种维生素,烟酸、叶酸、维生素 D_3 含量极其丰富,如表 1-4 所示。

表 1-4　香榧种仁维生素组成

维生素	维生素 B_1	维生素 B_2	维生素 D_3	烟酸	叶酸
含量	0.0412mg/100g	0.104mg/100g	129.0mg/kg	207.9mg/kg	226.5mg/kg

香榧叶酸含量达 226.5mg/kg,比一般干果、水果高几十倍。

香榧种仁中含烟酸达 207.9mg/kg,超出烟酸含量较高的龙眼、核桃、杏、荔枝等干果、水果的 22~50 倍。

叶酸、烟酸有利于护肤、防止白发、防止"糙皮病",这说明香榧防止衰老、美容的说法是有根据的,唐代也将榧实作为舞女的美容食品。至于榧实可以增进食欲、帮助消化,历代药书均有记载。

4.矿质元素

由黎章炬和戴文圣(2007)的研究可知,香榧种仁中含有 18 种矿质元素,生命必需元素钙、钾、镁、铁、锰、铬、锌、铜、镍、氟、硒等全部具备。其中,钾、钙、镁、铁、锌、硒等元素含量丰富,所以具有很高的营养价值,如表 1-5 所示。

表 1-5　香榧种仁矿质元素组成

种类	含量	种类	含量	种类	含量
钾	0.70%~1.18%	镍	1.71mg/kg	铁	25.92mg/kg
钙	909~3010mg/kg	铬	0.23mg/kg	锌	12.70mg/kg
镁	0.05%~0.31%	镉	0~0.11mg/kg	氟	2.338mg/kg
钠	0.14%	铅	0.06mg/kg	汞	0.002mg/kg
铜	4.02mg/kg	锰	14.73mg/kg	砷	0.10mg/kg
硒	7.36μg/100g	铝	10.64mg/kg	磷	0.2139%

香榧种仁中含钾量高达 0.70%~1.18%,是常见干果中最高的。

香榧种仁中含镁量 0.05％～0.31％,属于含镁丰富的干果。

香榧种仁含锌量达 12.7mg/kg。

香榧种仁中有有毒重金属元素砷、汞、铅、铜、铬,但它们的含量远低于食品安全标准所允许的含量。镉元素在个别样品中超标,可能是施肥引起的,在今后栽培中必须注意。

5.农药残留

由黎章炬和戴文圣(2007)的研究可知,香榧种仁中,六六六、滴滴滴、百菌清、三氯杀螨醇、联苯菊酯、溴氰菊酯、甲胺磷、辛硫磷、对硫磷、氧化乐果、甲基托布津等 23 种常见农药残留全部未检出,亚硝酸盐含量0.18mg/kg,硝酸盐含量 12.31mg/kg,均符合安全标准。

(二)榧树木材

榧树生长慢,木材密度大、纹理细密、不翘不裂,是良好的建筑、家具和雕刻用材。榧木在我国古代就被作为上等家具用材。

榧树曾是重要的出口物资,出口日本、韩国等国,作为雕刻和制作围棋盘的用材,每立方米木材价值万元以上。为了保护资源,20 世纪末,国家已明文禁止榧木出口。

(三)香榧副产品

目前,香榧栽培的目的主要是收获作干果用的种仁,但除种仁外,假种皮、叶子等均有一定的开发价值。陈振德等(1998)分析发现,香榧假种皮中挥发油含量达5.83％,还发现假种皮中有多种黄酮类化合物具抗病毒活性,以及取代黄酮类化合物的托亚埃Ⅱ号、Ⅲ号有抗肿瘤活性。

关于假种皮中含抗癌物质——紫杉醇的研究也受到广泛重视。陈振德等人(1998)分析认为,香榧假种皮中紫杉醇含量是现有红豆杉属植物叶和树皮中含量的 2 倍。但近年来清华大学吕阳成等人(2005)认为假种皮中紫杉醇含量较低,开发价值不大。至于香榧、榧树树皮中紫杉醇含量尚未见分析报道。浙江林学院分析香榧假种皮中氮含量达 1.3％以上,磷含量0.35％～0.45％,钾含量0.7％～0.9％,是优质的有机肥源。

何关福等(1985)从香榧叶中分离出 26 种精油成分。这些精油成分在橡胶、医药、化工上有广泛用途,但在其他针叶树中也广泛存在,加之在香榧叶中含量不高,所以开发意义不大。

此外,李桂玲等人(2001)从三尖杉、南方红豆杉和香榧树体中分离出

172 株内生真菌。经抗病毒活性检测,其中香榧内生真菌中具抗病菌活性的比例达57.1%。李桂玲等(2001)从三尖杉、南方红豆杉、香榧皮层中也分离出 172 株植物性真菌,其中 25 株(占总株数的 14.5%)对 BK(人口腔上皮癌)或 HL-60(人白血病)细胞具有显著的抑制活性,其中具抗肿瘤活性的香榧菌株占内生真菌总株数的 8.6%。这些发现对新药物开发和香榧抗病生理研究都有重要意义。

香榧种衣(内种皮)具有驱蛔虫作用,也是传统的中药,20 世纪曾出口日本。

(四)香榧的经济效益

香榧是我国特有的珍稀干果,其营养丰富,风味独特,加上资源少,产品供不应求,市场价格一直居高不下,是目前价格最高的干果之一。用 2 年生砧木嫁接培养 2 年的苗木造林,4~5 年可挂果,10 年生株每公顷(1 公顷=$10^4 m^2$)产籽 300kg,产值 3 万元左右,20 年生株每公顷产籽 1600kg,产值 12 万~16 万元。

香榧生长期长,果实产出较晚,但一旦投产,产量上升很快,3~4 年生嫁接苗造林,10 年生株产籽 2kg;再次是处理,包括脱蒲、堆沤、晒干加工等用工投入。一般每产 50kg 香榧总投入需 500~800 元,但产值 5000 元以上。据 2003 年对产区 80 多户的调查,投入占总收入的比例在 7.8%~31.5%,平均 15%,所以香榧的栽培效益也是干果中最高的之一。

(五)香榧的生态效益和观赏价值

香榧对土壤的适应性很强,土壤 pH4.5~8.2 范围内均可栽培,特别是在石灰岩发育的淋溶石灰土上生长结实良好,种仁品质也优于其他土壤。石灰土分布的喀斯特地貌是我国四大贫困山区之一,发展香榧种植将对这一地区的经济发展起重要促进作用。香榧幼苗、幼树耐阴,造林可以不破坏原有植被,特别适宜在林下种植(郁闭度 0.6 以下),是低价值林分改造的优良树种。香榧树冠浓密,叶面积指数高,林下落叶层厚,而且树叶不含树脂,容易腐烂,对涵养水源、改良土壤都有重要意义。

香榧四季常青、树形优美,是重要的观赏树种。香榧可以散生种植,也可形成纯林、混交林。在产区,香榧常与板栗、山核桃、毛竹及其他落叶或常绿树种形成林相优美的混交林。

第二节 香榧的丰产栽培技术

一、砧苗培育

(一)圃地选择

香榧及榧树幼苗喜阴湿、怕高温干旱和强日照。圃地四周森林覆盖率较高、阴湿凉爽的立地条件最适于香榧育苗。在浙江会稽山区香榧产区,多选海拔300～600m的山区梯田育苗,因气候较凉爽,梯田排水好,育苗效果较好。而在高温、强日照的低丘,幼苗常因高温、日灼而死亡率较高、生长不良。若在低丘育苗,必须选择植被保存好、环境比较阴湿的地段,而且育苗期间必须遮阴。在海拔600m以上的低山,圃地应选阳坡、半阳坡,在有灌溉条件的地方,苗木可以不遮阴。

圃地的排水一定要良好。香榧的肉质细根一遇积水则烂根。圃地土壤以微酸性的砂壤土为好,pH必须在5以上,酸黏、排水不良的土壤不适宜育苗。水稻土改作圃地必须开深沟排水,土壤经过1个以上冬季风化。

香榧圃地连作有利于菌根发育和苗木生长,但缺点是病虫害增多。因此,连作地应用硫酸亚铁(300～400kg/hm²)将土壤消毒,在苗木生长过程中经常洒石灰、茶籽饼于根际,以防治根腐病。

(二)圃地整理

圃地应在入冬时翻耕,以风化土壤和消灭土壤中病虫害,并用硫酸亚铁消毒。酸性土每公顷施1500kg石灰以校正土壤酸度,兼有预防病虫害作用。春季作畦前先用草甘膦、二甲四氯等除草剂消灭圃地杂草,然后将土壤耙平,作东西向畦,宽1.2m,沟深30cm。排水不良的圃地,中沟及边沟要加深到40cm。土壤黏重或砂性很强的土壤,在作畦前用腐熟的栏肥,或鸡、鸭、兔粪等每亩(1亩＝667m²)4000kg施于地表,再平整土地作畦。

(三)种子催芽

香榧种子有两年完成发芽的特性。秋播种子11月下旬开始陆续发芽,直至次年3月底;3月底尚未萌发的种子,当年便不再萌芽,须用湿沙储藏,次年才能发芽。培育砧木可用香榧或木榧种子。香榧种子小、壳薄,发芽率高,用常规方法层积催芽,发芽率达 80% 左右;而木榧种子壳厚,大小不匀,常规层积催芽当年发芽率在 40% 以下,余下的次年才能发芽。由于香榧种子价格为木榧种子数倍以上,所以为节省成本,生产上多用木榧种子育苗。为此,如何提高木榧种子当年发芽率已成为生产上迫切需要解决的问题。

木榧种子发芽慢、发芽率低,必须采取综合措施才能达到提高发芽率的目的。浙江农林大学在 2000—2003 年小规模试验的基础上,总结出榧实催芽必须注意以下几个环节。

①种子必须充分成熟,应在假种皮大量开裂、部分种子脱落时采种。

②采下的种子堆放在阴凉室内,待大多数种皮开裂时,脱去假种皮,用水洗净,浮去空籽,堆放在阴凉处,上覆湿稻草保湿,堆厚 20～30cm。在种子催芽前一定要防止种子干燥或一干一湿。

③催芽时间以 10 月下旬至 11 月中旬,12 月以后催芽效果很差。

④用双层塑料棚下湿沙层积催芽,在催芽期保持沙的湿度 9% 左右,棚内最高温度不低于 20℃,通气良好,层积层数不超过 2 层。

⑤种子胚根露出长 1.5cm 以内播种为好,所以要分期播种。4 月中旬不发芽的种子集中沙藏,下半年播种。

通过以上措施,木榧种子当年发芽率可达 80% 左右。

(四)苗木管理

根据榧树幼苗怕高温、干旱和强日照的特点,必须抓好以下管理措施。

1. 及时遮阴

种子出苗后及时用透光率 40%～50% 的遮阳纱遮阴,9 月中旬以后可撤去遮阴棚。2 年生苗梅雨季结束到处暑仍需遮阴。海拔 300m 以上圃地透光率可适当加大,遮阴时间可适当缩短。

2. 施肥

幼苗长到高 10cm 以上时,每月浇腐熟人粪尿一次或 0.5%～1% 可溶性复合肥液一次,也可用少量复合肥直接洒于根际,再轻松土使肥土混合。但要防止肥料黏枝叶,产生烧苗,施肥量控制在 3～5kg/亩。

3. 雨季注意圃地排水

在清沟时清出的泥土不能覆在苗床上,否则引起根系通气不良,将严重影响苗木生长。8—9 月高温干旱季节要注意灌溉,时间在早晚。在丘陵地带,遮阴苗木如8—9月遇到台风吹去遮阴棚,要及时补救,否则雨后几个晴天就可使苗木大批死亡。

4.除草

香榧育苗中,除草是最花工夫且最易损伤苗木的工作,特别是小苗和初嫁接的嫁接苗。除抓好整地前的除草剂灭草工作外,苗期的除草工作要坚持除早、除小,用手拔或小锄除草。

5.防治病虫害

苗期常见地下害虫有地老虎、蝼蛄等,在使用未腐熟的栏肥时最易发生虫害。出现虫害时用1000倍敌百虫液浇杀。雨季和高温、高湿天气容易发生根腐病,除注意排水外,用800～1000倍多菌灵连喷2～3次。8—9月高温干旱季节,在灌溉、遮阴的基础上用800～1000倍多菌灵或甲基托布津喷苗防治立枯病效果良好。在雨季开始前每亩洒施熟石灰25kg,对防治多种苗木病害都有效。

在低丘平原地区,由于高温、强光照的影响,育苗效果不佳,可以选择在交通方便、有灌溉水源的地方,采用钢架大棚,建立永久性的育苗基地。大棚育苗,灌溉、施肥、病虫防治方便,可以采用机械化,光照条件容易调节,不论播种苗或嫁接苗,都成苗率高,生长整齐。通过土壤消毒,基质配置可以减少病虫害和人工除草用工,苗木运输也方便。大棚育苗要注意生长季节的光照调控,遮光度不能太大,遮光时间不能太长,特别是在出圃前的生长季节里,要增加光照和减少土壤湿度,给苗木一段锻炼时间,否则出圃后造林成活率和早期生长都将受到影响。

(五)容器育苗

容器育苗,由于人工配制的营养土疏松、肥沃,采用催芽后发芽种子播种,出苗率高,苗木生长整齐、良好。容器苗造林,不损伤根系,造林时间长,成活率与保存率均显著高于圃地苗。此外,施肥、灌溉、除草等抚育管理工作效率可以大大提高。香榧容器苗不论实生苗还是嫁接苗,造林成活率达95%以上,且缓苗期短,保存率高。

1.容器选择

播种苗常用高15cm、直径12～15cm的圆筒状塑料容器,播种1粒发芽种子,培养2年后于第2年秋季或第3年春季嫁接,再培养1年成为2+1嫁接苗,可以上山造林。若培育大苗,则于秋季或早春将2+1苗移植于较大的容器中,一般2+4的大苗多数可以挂果。移苗时间应在阴天或雨后空气湿度大的晴天进行。播种或移植的容器苗可直接置于圃地平整的畦面上,排列紧密。容器间的空隙处填以细土,以利保湿,上搭遮阴棚或遮阳纱遮阴。

在立地条件较差的圃地,可以做宽3m以上的宽畦,在畦面挖穴(或壕沟),在底部先放些谷糠或草屑后填入营养土,将苗木移入其中,每年施4~5次营养液肥于穴中,由于穴中土壤比穴外的肥沃、通气,根据花盆效应,香榧根系多集中于穴内,形成带土根团,可随手拔起,加以包扎后上山造林,根系损伤少,造林效果好于带土球苗。此法要特别注意移苗时浅植,以及雨季排水和旱季遮阴。

2. 营养土配制

香榧喜肥沃、通气土壤,营养土应多放有机肥,pH保持微酸性至中性,生产上有以下几种配法。

①黄泥土50%,鸡粪(干)35%,饼肥15%,钙镁磷肥1%,分层堆积,经一个夏季腐熟。播种前充分混合打碎,加入少量硫酸亚铁消毒。

②肥土(菜园土、火烧土等)1m³加入人粪尿2担、牛粪2担或鸡粪1担、钙镁磷肥2.5~3.0kg、饼肥4~5kg、石灰1~2kg,充分混合拌匀后堆好,外盖尼龙薄膜密封,半个月翻1次,堆沤30~45天。

③兰花土(腐殖质土、阔叶林下的表土)50%(体积分数),黄泥土或火烧土50%体积分数,按100kg土加入过磷酸钙5kg、草木灰10kg,充分拌匀。

④兰花土50%(体积分数),蛭石50%(体积分数),再加入1%(质量分数)复合肥、1%~2%(质量分数)石灰、3%(质量分数)钙镁磷肥,充分混合拌匀。

在营养土配制中要十分重视有机肥特别是饼肥的充分腐熟,在绍兴、临安等地均有因营养土中饼肥未腐熟而发生的烧苗事例。此外,香榧苗期根腐病严重,必须注意营养土消毒。消毒方法:50%多菌灵可湿性粉剂1kg,加土200kg拌匀,再与1m³营养土混合;按1000kg营养土+200ml福尔马林+200kg水混合堆起来,上盖塑料薄膜闷土2~3天,然后揭去薄膜倒堆10~15天,待药味挥发后装钵。

3. 播种与移苗

经催芽的种子,待种壳开裂,胚根伸出至长2cm以内时最适播种。一般现装土现播种,覆土厚2cm。为防止容器内土壤下沉,装土略高出容器口,呈馒头形。移苗时,先将根系完整的苗木置于容器内,一面填土一面摇动容器,再上提苗木至根茎处,略低于容器土表1cm左右,使根土密接,浇水后土壤下沉,再适当补充营养土。移植深度宜浅,根上覆土厚2～3cm即可。容器苗因营养土预先腐熟和消毒,病、虫、草都较少。施肥以配制的营养液浇施,施用化肥后必须用水冲洗苗木以防肥害。

二、扦插育苗

香榧扦插育苗不仅能保持母树的优良性状,矮化树冠,提早结果,而且能缩短苗木留圃时间,节省成本,是有推广前景的育苗方法。

（一）插穗的选择与处理

在20～30年、发育健壮、生长旺盛、无病虫害的优株上剪取当年生枝,插穗以长度15～20cm、粗度0.3cm以上为好,除去下部1/2的小叶。

（二）扦插时间

扦插时间应在7月上、中旬,此时,新梢已经发育基本完成,顶芽已形成,茎部半木质化。扦插后35天开始出现根突。扦插时间太早,枝条木质化程度不高,容易腐烂;扦插时间太迟,不易生根。

（三）作床与扦插

扦插苗床选择土壤深厚、排水良好、背阴湿润的红壤,pH在6.0左右。深挖,细致整地,并用敌克松进行土壤消毒。苗床高20～25cm,宽1m,扦插的株行距为4cm×4cm。扦插时先用圆棒打孔后再插,插好后浇透水,搭塑料小拱棚,再搭高1.5cm的遮阴棚,前期湿度控制在95%～100%。

（四）影响扦插成活的因子

1. 激素对生根和成活率的影响

据郭维华(2002)试验,取长15～20cm、粗0.3cm以上的插穗,抹去下部1/2的小叶,设5个处理:(a)浸于10%的蔗糖溶液中24h;(b)6号ABT生根粉1000mg/kg速蘸;(c)6号生根粉50mg/kg浸泡2h;(d)6号生根粉300mg/kg浸泡20min;(e)对照。每个处理150株,重复3次。结果发现,各处理的成活率与保存率为b>d>c>a>e,而b处理和d处理的成活率大大高于平均数,即用6号ABT生根粉处理能提高香榧扦插的成活率,以

1000mg/kg 速蘸或 300mg/kg 浸 20min 后再扦插为佳。

2.插穗质量对成活率和生长量的影响

不同插穗抹去下部 1/2 的小叶后用 ABT 生根粉 1000mg/kg 速蘸,设 3 个处理:(a)插穗长 15cm 以下、粗 0.3cm 以下;(b)插穗长 15～20cm、粗 0.3cm以上;(c)插穗长 20cm 以上、粗 0.3cm 以上。每个处理 150 株,重复 3 次。由试验结果可知,插穗长度 15～20cm、粗度 0.3cm 以上为佳;插穗太短、太细不利成活与成苗,生长量亦差;插穗太长,成活率与保存率都不高,但成活后生长量最大。

试验中还发现:不同年龄的插穗对成活率影响很大,当年生新梢扦插的成活率为 92％,2 年生枝条扦插的成活率仅 10％;次年调查保存率,当年生新梢扦插的保存率为 83％,2 年生枝条扦插的全部死亡。因此,香榧扦插育苗只能用当年生新梢。

三、香榧嫁接

香榧嫁接有大树嫁接和小苗嫁接两种。大树嫁接习惯用春季劈接、插皮接;小苗嫁接是用 2～3 年榧树实生苗作砧木,选良种壮年树的主、侧枝的延长枝作接穗,春季 2—4 月切接,接后覆土没接穗 1/2～2/3 保湿,再遮阴,成活率可达 80％左右。

(一)嫁接方法

香榧枝条细软,一般当年生枝粗仅 0.9～4.0mm,根据在其他树种上试验,细软的接穗以贴枝接为好。

贴枝接以 1～2 年生砧为宜,3 年生以上砧木以切接或劈接为好。贴枝接的方法是:接穗基部去叶后,削去带木质部的皮层 3～4cm 长,背面反削一刀;选砧木的光滑部位,削去与接穗同样长短、深度较大的切口,插上接穗,用尼龙带绑紧即可。贴枝接优点有:①接口长,穗条细软,绑后砧穗容易密接,愈合好;②当年生砧苗秋季嫁接可以不断砧,光合面积增大;③少数不成活的可随时补接。

(二)嫁接时间

传统的嫁接时间是春季 2 月下旬至 4 月初,此时地温升高,根系活动旺盛,树液开始流动,但尚未萌芽,采用切接与劈接成活率高。香榧嫁接愈合能力强,速度快,采用贴枝接方法,接后不立即断砧,除 4 月中旬至 6 月初的新梢生长期间和 11 月至次年 1 月(低温季节)外,只要接穗新鲜,接后遮阴,大多数成活率可达 90% 以上。

(三)接穗

接穗的粗细和生长势对嫁接成活率和嫁接苗生长率都有很大影响。一般接穗粗度应在 0.2cm 以上,长度不短于 8cm。生长旺盛的主枝延长枝、顶侧枝及枝节上较粗壮的萌生枝,成活率高、生长好。

(四)砧木

生产实践证明,砧木年龄、粗细对嫁接苗生长的影响明显大于对成活率的影响,砧木越粗大,长势越旺,嫁接苗生长越好。种砧嫁接技术复杂,管理麻烦,而且苗木生长不良,抽梢后常呈头重脚轻、倾斜甚至螺旋生长,造林成活率低且生长不良,现多不采用。当年育苗秋季嫁接,苗木太小,成活率虽高,但生长不良,而且越到后期表现越明显,所以嫁接用砧木应在 2 年生以上,基径不小于 0.5cm。

综上所述,为保证嫁接成活和嫁接苗的良好生长,必须注意以下几点。

①香榧小苗嫁接以秋季贴枝接最好,嫁接切口接触面大,接后不断砧,光合面积大,不损伤砧木,便于补接,嫁接时间长,成活率、生长量均大于其他嫁接方法。3 年生以上大苗以切接和劈接为好。

②每年除 4—5 月发梢期、11 月至次年 1 月的冬季外,其余时间均可露地嫁接。2 月下旬至 3 月下旬、7—10 月嫁接,只要接穗保存良好,成活率可达 95% 左右。高温季节接穗要注意保湿、降温,接穗储藏于 5～10℃ 的冰箱、冷库或阴凉室内,并于 1 周内接完。冬季接后立即用塑料拱棚保湿,春梢抽梢后断砧,成活率可达 95% 以上。

③接穗以生长势旺盛的 1 年生主枝延长枝、顶侧枝,粗壮侧枝的延长枝、顶侧枝,多年生枝节上萌发的新枝为好;香榧叶腋间有不定芽,不带顶芽的粗壮枝段嫁接成活率高,当年生抽梢率达 64% 以上;细弱枝条嫁接抽梢细弱,易倾斜,成活率也有所下降。嫁接苗生长量随砧木年龄、砧苗粗壮度增加而加大,砧木太细,接后生长差,易倾斜和倒伏,留床砧和容器苗砧嫁接成活率和苗木生长量均显著优于移植苗砧。

④香榧幼苗怕高温、强日照,实生苗或嫁接苗均需用遮阳纱遮阴,透光度控制在 40%～50%。高温、干旱和强日照的丘陵地圃地,不如阴凉、湿度大的山地圃地苗木生长好。

四、香榧造林与提高成活率的关键技术

香榧幼苗喜阴湿环境,怕高温、干旱和强日照,且3年生以前幼苗生长缓慢,抗逆性很差,所以一般情况下香榧幼苗造林成活率和保存率都很低。发展香榧首先必须解决造林技术问题。根据香榧生物学特性和近年来香榧造林经验,需要抓好以下几个问题。

（一）造林地选择

香榧理想的造林地为阴凉、空气湿度较大、光照不太强、排水良好的低山丘陵。森林植被保存好的小环境,即使海拔100m以下的平原,香榧生长发育也良好。微酸至中性的黏壤土、砂壤土、紫色土、石灰土等土壤均适宜种香榧,pH5以下的酸黏红壤不经改良,不适宜种植香榧。

因为香榧结果以后要求有充足的阳光,所以海拔400m以上造林地应选阳坡、半阳坡;阴坡和峡谷造林,密度要小,保持树体有充足的上方光和侧方光。在低海拔的低丘造林,阴坡、半阳坡和沟谷造林好于阳坡,成林后产量和质量也很少受影响。

（二）造林地整理

香榧幼苗耐阴,保留林地植被,造成侧方荫蔽,对造林成活和生长均有利。一般坡度15°以下可全垦,林粮套种;15°~30°坡地带状整地,带宽2m,带距3m,保留梯坎植被,带上可以套种;30℃以上坡地以鱼鳞坑块状整地,挖80cm×80cm×40cm的种植穴,避开石块、土薄处,保留穴周植被,造林成活后逐步扩穴,用石块在树下方砌梯坎,建树盘,每年夏季到来前劈林间杂草覆于树盘上。

（三）良种壮苗

以正宗香榧和从实生榧树中选出的、经无性系测验的优良无性系可以作为造林材料。苗木规格为2年生砧木接后培育2年的"2＋2"嫁接苗或2年生以上砧木嫁接培养1年的"2＋1"嫁接苗,苗高≥45cm,基径≥0.8cm。也可以2~3年生实生苗造林,成活2~3年后再嫁接。实生苗规格:苗高≥60cm,根径≥0.8cm。不论实生苗或嫁接苗都要尽量多地保留侧须根,并防止苗木风吹日晒。在周围无雄榧树资源的地区应配植5％的雄株。雄株可均匀配置,也可较多地配植于来风方向的山脊、山坡上,应多选用花期长、花粉量大的雄株。

（四）影响香榧造林成活率的因子

1. 苗木质量

苗木质量影响苗木抗性。苗龄越小，抗性越弱，成活率越低，生长越差。一般实生苗造林，必须 2 年生以上，苗高 50cm 以上，基径 0.6cm 以上；造后 4 年，苗高可达 1.5m 以上，基径 3cm 左右，就地嫁接 3～4 年可挂果。据朱永淡等（2005）在浦江县、杭坪镇程家香榧基地试验，不同苗龄嫁接苗造林后 2 年，"2＋2"嫁接苗造林效果明显好于"1＋1""1＋2"嫁接苗。

同样苗龄的苗木造林成活率和生长量依次为：容器苗＞带土球苗＞裸根苗。在同样的管理情况下，容器苗造林成活率在 95％以上；带土球苗成活率在 90％以上；裸根苗只要注意苗木保护和造林后遮阴，成活率可达 80％以上；在植被茂密处，借植被侧方荫蔽也可保证成活。同时，在高温干旱和强日照的低丘地带，立地条件较差的上坡地造林成活率和生长均比下坡地差。

近年来的生产实践证明，以带土球的嫁接大苗造林，成活率高，生长快，结果快，林相整齐。培养大苗造林，应是快速发展香榧产业的重要途径之一。

2. 造林地立地条件

榧树和香榧在幼龄阶段喜阴湿的环境条件，怕高温和强光照。在中亚热带海拔 800m 以下山地，造林成活率随海拔上升而提高；在海拔 300m 以下低丘，如果阳光直射，土壤干燥瘠薄，造林成活率很低，即使人工遮阴，成活后生长也不理想。

在丘陵地带，林地小环境条件对造林成活、成长都有显著影响。一般在地形有一定起伏、植被保存好、空气湿度大、土壤深厚肥沃地段，造林成活率高，生长好，且阴坡好于阳坡，下坡沟谷好于上坡、山冈。在疏林下或有侧方荫蔽，造林成活和生长均好于裸地。

香榧比较耐旱，只是高温、强日照和干旱的综合作用对幼苗幼林危害很大，但林地积水则可使造林全部失败，因此在林地平缓、有季节性积水的地方必须做好排水工作，以防止烂根死苗。

3. 造林季节与天气

每年的 11 月至次年 4 月上旬萌芽前均可造林。在海拔 500m 以下的低海拔地区，以秋、冬季造林为好，造林后根系仍能活动，有利于根系生长，次年进入生长季节后恢复快，对当年生长影响小，成活率也高；在海拔 500m 以上山地，冬季易产生冻害或寒潮危害，应选在春季造林。春季造林宜早不宜迟,以 2—3 月为好,太迟的话,在进入高温季节时根系尚未恢复就开始抽梢长叶,对成活、生长都有影响。

造林天气以阴天、小雨天、雨后晴天为好;长时间高温、干旱、刮风、空气湿度小的天气不宜造林。造林当年夏、秋季长期高温干旱和强日照对成活率影响极大。

4.苗木保护

苗木保护是指在从起苗、运输到造林的整个过程中,保护苗木不受风吹日晒,防止吸收根凋萎和苗木过多蒸腾而使水分失去平衡。香榧苗木吸收根很容易因风吹日晒而凋萎,而风吹日晒加大蒸腾作用又会加速根系凋萎,苗木暴晒时间越长,成活率越低。

起苗后及时打泥浆,并用尼龙袋包扎根系,对苗木保护效果很好。此外,在苗木运输和造林过程中都要注意苗木保护,一个环节失误就可能造成整批造林失败。

(五)造林技术

香榧造林要注意浅栽、踏实和不"反山"。香榧根系好气。栽植太深,根系通气不良,容易烂根。

香榧造林种植穴要提前准备,最好先挖好穴,放 5～10kg 基肥,回覆穴土至穴深的 4/5,等下雨穴土下沉后再造林。造林时用表土覆盖根系,踏实,种植深度以苗木根茎处与穴口平,上面再覆 3～5cm 厚的松土,呈馒头形,或种后穴表覆草,以疏松土壤和保湿。大穴造林要尽量使穴土归穴,防止土壤下沉呈坑穴状,遇雨积水造成苗木死亡。

(六)造林后管理

在低丘地区,常因高温干旱和强日照造成苗木大量死亡。因此,造林后管理最主要、最有效的措施是遮阴,遮阴可以防止高温、强光照对苗木的危害,同时可以减少苗木蒸腾,起"无水灌溉"作用。遮阴方法是在苗木四周围插竹片,高于苗木 30cm,上覆遮阳纱,用铅丝固定,也可以用竹片、遮阳纱做成瓜皮帽形的纱罩,再用木桩撑于苗上遮阴,主要是遮上方直射光,四周不遮以保证一定的侧方光。

香榧造林后 2 年内根际不要频繁动土,夏、秋季削草覆于根际可降低地表温度,减少地表蒸发,可有效地提高苗木成活率和保存率。

(七)提高造林成活率的关键技术

通过上述对影响香榧造林成活率因子的具体分析,采用综合措施,消除影响造林成活率的不利因素,可以有效地保证造林成活、成长,这些技术措施归纳为以下几点。

1. 保证苗木质量

要求造林苗木粗壮,根系发育良好。苗龄要求嫁接苗"2＋2"以上,实生苗 2～3 生。容器苗和带土球苗造林最安全。

2. 做好裸根苗木保护

凡是能保护吸收器官、适当减少蒸腾作用的措施都能提高造林成活率。选择阴湿天起苗,每起一捆苗及时打泥浆,用尼龙布包扎根系,集中放于阴凉地方,最好早晚起苗,连夜运输,苗到后立即造林。造林时从尼龙袋中拿一株栽一株,不宜将苗散放林地任风吹日晒,以保证根系不受损害;对苗木地上部分适当修剪,特别是实生苗可以重剪以减少蒸腾作用。香榧适宜随起苗随造林,如苗木运到后一时来不及造林,可以连包扎袋排放于阴凉湿润房间,上盖尼龙布,每天洒水 1 次,3～5 天影响不大。

做好裸根苗的保护可以提高成活率,但这仅是对一定苗龄的苗木而言。"2＋3"以上嫁接苗必须用容器苗或带土球苗,3 年生以上实生苗也需带土球并对地上枝叶进行重修剪。

3. 掌握造林季节与天气

低丘地带以秋冬造林为好。海拔 500m 以上低山采用春季造林,宜早不宜迟。造林宜选阴湿天气,避开高温、大风和干燥天气。

4. 掌握造林技术

香榧造林树要浅栽,踏实,上覆松土,不"反山",保证苗木成活和正常生长。

5. 做好及时遮阴

低海拔地带造林后及时用遮阳纱遮阴(透光度 50％左右);高温干旱年份即使是高海拔地带,在干旱季节也要遮阴和根际覆草降温、防旱。

香榧造林以就地育苗就地造林为好。引种外地苗,最好以"2＋1"或"2＋2"小苗在造林地附近圃地中培育或移植于容器内培养1～2年再上山造林。小苗便于保护和运输,圃地移植成活率高,在造林地附近圃地培养1～2年后再上山造林,苗木运输距离短,选择阴天、小雨天或雨后阴天造林,成活率可以得到保证。同时,购买小苗自己培养比购买大苗大大减少投入。

第二章　研究区概况与研究方法

第一节　土壤性质研究

一、香榧林地土壤养分空间异质性及其肥力评价

(一)试验地概况

试验地选取了浙江省香榧主产区——会稽山区的诸暨、嵊州、柯桥及东阳四地。近十年来,诸暨市香榧产量为 13426t,占浙江省总产量的37.05%,被誉为"中国香榧之都"。嵊州市香榧经济总值仅次于诸暨,种植面积近年来增长迅速,已达到 7600hm²。柯桥区拥有"中国香榧之乡"的称号,主产区为稽东镇。稽东镇是会稽山古香榧群的核心区域,拥有百年以上树龄的香榧树 3.9 多万棵,千年以上的 800 余棵。东阳市香榧的种植规模亦在逐年扩大,现有香榧林地 1300hm²,年产香榧 400t。香榧性喜温暖潮湿、山谷纵横、溪流迂回交叉的生态环境,主要分布在海拔 200~800m 的丘陵山地。该地为亚热带季风气候,年平均气温 14~17℃,年平均降水量 1100~1700mm,年平均日照时数 1900h,无霜期 207~240d。成土母岩主要包括流纹岩、凝灰岩和流纹质凝灰岩等,土壤类型以红壤、黄壤和黄红壤为主。

(二)试验设计

本研究综合考虑了样点分布的均匀性及代表性,在香榧主产区林地以 1.0km×1.0km 网格布设土壤采样点,并进行准确定位。结合香榧主产区实际种植和分布状况,于 2019 年 5 月共采集 121 个土壤样本。在选定的样本上,按梅花形布点,在半径为 10m 的范围内,采集 5 个子样点的表层(0~

20cm 深)土壤样品,混合均匀,组成 1 个土壤样品,质量约为 1kg。同时记录香榧林地采样点的立地条件、农户经营管理和香榧产量等信息。

将土壤样品带回实验室并进行自然风干,捡去石块和动植物残体等,研磨并通过 2mm 的筛子。从中取出一部分,用玛瑙研钵研磨并通过 0.149mm 的筛子,然后密封在聚乙烯袋中,贴好标签,保存。

（三）研究方法

1. 土壤分析

取经过预处理的土壤样品进行分析,土壤 pH 采用土水比为 1：2.5 的悬浊液用酸度计法测定;土壤有机质含量选取重铬酸钾氧化法测定;土壤碱解氮含量、有效磷含量和速效钾含量分别采用碱解扩散法、Olsen 法和乙酸铵浸提-火焰光度法测定。

2. 空间自相关分析

空间自相关分析现今已被广泛地应用到地理学的研究中。Moran's I 指数能系统地揭示研究变量的空间自相关性,通常包括全局和局部 Moran's I。全局 Moran's I 用来描述整个研究区域的空间自相关性,并通过单一值反映区域空间变量的相似性,其取值范围是 $-1\sim1$,大于 0 表示正相关,反之则表示负相关,等于 0 表示不相关。而局部 Moran's I 主要用来计算每个特定位置的空间自相关程度,可以识别出局部空间的聚类并进行异常值的分析,弥补全局性分析的不足。全局和局部 Moran's I 的公式如下:

全局 Moran's I
$$I_N = \frac{N \sum\limits_{i=1}^{N} \sum\limits_{j=1}^{N} W_{ij}(z_i - \bar{z})(z_j - \bar{z})}{\left(\sum\limits_{i=1}^{N} \sum\limits_{j=1}^{N} W_{ij}\right) \sum\limits_{i=1}^{N}(z_i - \bar{z})^2}$$

局部 Moran's I
$$I_i = \frac{z_i - \bar{z}}{\sigma^2} \sum\limits_{j=1, j\neq i}^{n} \left[W_{ij}(z_j - \bar{z})\right]$$

式中:$\bar{z}$ 是变量 z 的平均值;z_i 和 z_j 分别是变量在空间 i 和 j 处的数值($i\neq j$);σ^2 是变量 z 的方差;W_{ij} 是采样点间的距离权重。当局部 Moran's $I>0$ 时,则表示研究区城的目标采样点与其附近的观测值具有一定的相似性,即位于空间集聚区,主要包括高值集聚区和低值集聚区两部分;当局部 Moran's $I<0$ 时,则表示空间区域异常,主要包括高-低值异常和低-高值异常。本研究用全局 Moran's I 值来呈现试验地土壤养分的空间自相关水平,

并采用空间关联的局部指标(Local Indicators of Spatial Association,LISA)的自相关分布图来揭示局部 Moran's *I* 的自相关水平。

3. 地统计学分析

地统计学是一种基于区域化变量理论、以半变异函数为研究工具的空间分析方法,是一种研究空间变异与结构的方法。

克里格插值法是通过区域化变量的原始数据和半方差函数的结构性,对未采样点区域化变量值进行无偏最佳估算的一种广义线性回归方法。半方差函数是地统计学的基础,被广泛应用于定量描述土壤变量空间结构的变异性。其公式如下:

$$\gamma(h) = \frac{1}{2N(h)} \sum_{i=1}^{N(h)} \left[Z(x_i + h) - Z(x_i) \right]^2$$

式中:$\gamma(h)$ 为样点空间间隔距离为 h 时的半方差函数;$Z(x_i)$ 和 $Z(x_i+h)$ 分别是变量 $Z(x)$ 在 x_i 和 x_i+h 位置的实测值;$N(h)$ 是样点空间间隔距离为 h 时的所有观测样点的成对数目。在实际应用中,当半方差函数 $\gamma(h)$ 随着空间间隔距离的增加而增加时,从非零值达到基本稳定的常数,这个常数被称为基台值($C_0 + C$);在 $h = 0$ 时的半方差函数值称为块金值(C_0),这可能是由采样误差和小于采样尺度的随机因素引起的。指数模型、球状模型、高斯模型和线性模型是常用的变异函数理论模型。

4. 土壤肥力评价方法

土壤肥力一直被用来表示土壤支持作物生长的能力。建立完整的土壤评价结构有以下三个步骤。

(1)评价指标选择

基于前人的研究成果,本研究选取了能够最大限度代表土壤肥力质量的重要指标,包括 pH、有机质含量、碱解氮含量、有效磷含量和速效钾含量。

(2)指标隶属度值和权重

不同肥力指标实测值的量纲各异,为消除其影响,需将各肥力指标标准化。本研究采用隶属度函数方法对指标进行归一化处理,将每个指标转化为 0.1～1 的无量纲值。因植物的效应曲线不同,将隶属度函数分成 S 型和抛物线型两种,并将曲线型函数转换成折线型函数。结合前人研究以及林地土壤的肥力特征,各指标在折线型函数中折线点的取值见表 2-1。

表 2-1 抛物线型和 S 型函数各指标的转折点

转折点	pH	有机质含量/(g/kg)	碱解氮含量/(mg/kg)	有效磷含量/(mg/kg)	速效钾含量/(mg/kg)
x_1	4.5	10	50	2.5	50
x_2	6.5	50	150	10	100
x_3	7.5	—	—	—	—
x_4	8.5	—	—	—	—

本研究中仅有 pH 一种指标属于抛物线型,其余四种指标均属于 S 型函数,其公式如下:

抛物线型
$$W_i = \begin{cases} 0.9(x-x_3)/(x_4-x_3)+0.1 & x_3 < x \leqslant x_4 \\ 1.0 & x_2 < x \leqslant x_3 \\ 0.9(x-x_1)/(x_2-x_1)+0.1 & x_1 \leqslant x < x_2 \\ 0.1 & x < x_1 \text{ 或 } x > x_4 \end{cases}$$

S 型
$$W_i = \begin{cases} 1.0 & x \geqslant x_2 \\ 0.9(x-x_1)/(x_2-x_1)+0.1 & x_1 \leqslant x < x_2 \\ 0.1 & x < x_1 \end{cases}$$

式中:W_i 是指标隶属度;x 是指标的测量值;x_1、x_2、x_3、x_4 是指标的转折点。

土壤评价指标的权重通过因子分析法确定。各评价指标的公因子方差所占的比例为权重值。

(3)土壤综合肥力评价指数

在对各指标进行评价后,需将单因素评价结果转换为由各指标所构成的综合土壤肥力评价结果。本研究中采用加法合成的方法,将各指标的隶属度值进行加权求和,以计算土壤综合肥力评价指数,其公式如下:

$$IFI = \sum_{i=1}^{n}(W_i N_i)$$

式中:IFI 为土壤综合肥力评价指数;W_i 为第 i 项土壤肥力指标的隶属度值;N_i 为第 i 项土壤肥力指标的权重值。

二、不同树龄香榧土壤有机碳特征及其与土壤养分的关系

(一)试验地概况

试验地位于浙江省诸暨市赵家镇的香榧国家森林公园(地理坐标为 29°21′~

29°59′N,119°53′～120°32′E)。该地区为亚热带季风气候,四季分明,雨水丰沛,日照充足,年平均气温 16.3℃,年平均降水量 1373.6mm,年平均日照时数 1887.6h。试验地属于低山丘陵地貌,土壤类型为微酸性红壤。

（二）试验设计

选择立地条件和经营管理措施基本一致的不同树龄段的香榧树(样地的基本情况见表 2-2)。香榧树每年 3 月地表撒施化肥,9 月地表撒施化肥和有机肥,每年化肥的总施肥量为 0.7kg/m²,有机肥的总施肥量为 7.5kg/m²,垦覆深度为 30cm,所有香榧树均为单株分布,树下均无植被种植。按照 0～50 年、50～100 年、100～300 年、300～500 年、500 年以上的树龄梯度选择样本树,每个树龄段的样本树重复 4～5 株。所有调查样株分布在半径为 500m 的范围内,以保证样株立地条件大体一致,处于同一气候背景之下,具有可比性。

表 2-2 不同树龄香榧林样地基本情况

树龄	基径/cm	树高/m	坡向	坡度/°	海拔/m
0～50 年	31.4	6.0	东南	8～15	570～700
50～100 年	39.8	6.0	东北	9～18	560～620
100～300 年	71.5	9.2	东北	13～21	540～600
300～500 年	97.4	15.0	冬	12～20	540～560
500 年以上	153.9	13.3	东北	10～19	540～600

野外测定所选香榧树的基径和树高,并记载树木的生长情况。采集土样,在离开样本树 50～100cm 处随机选取 3～5 个点挖取土壤剖面,按 0～20cm、20～40cm、40～60cm 深处的 3 个层次采集土壤样品。将土壤放入袋中,去掉其中可见的植物根系、残体和碎石,带回实验室自然风干,之后过 2mm、0.25mm 和 0.149mm 筛,用于土壤有机碳(SOC)、易氧化碳(ROC)、轻组有机质(LFOM)和土壤养分的测定。

（三）研究方法

土壤有机碳测定用重铬酸钾外加热法。易氧化碳测定用 333mmol/L 高锰酸钾氧化法。轻组有机质测定用 1.7g/ml 碘化钠重液分离法。土壤养分测定常规方法:全氮(TN)测定用凯氏定氮法;碱解氮(AN)测定用碱解扩散法;速效钾(AK)测定用乙酸浸提法;有效磷(AP)测定用碳酸氢钠法;交换性钙(Ca)和交换性镁(Mg)测定用原子吸收分光光度法。

三、天然次生林改造成香榧林对土壤活性有机碳的影响

(一)试验地概况

试验地位于浙江省诸暨市赵家镇的香榧国家森林公园。现存天然次生林乔木树种以木荷(*Schima superba*)、青冈(*Cyclobalanopsis glauca*)为主,平均树龄30~40年,郁闭度为80%。试验地现有的结实香榧树主要分为两类:一类是历史上种植保留至今的古香榧树,树龄大都在百年以上;另一类是20世纪70—80年代新种植的香榧树(造林方法为:将天然次生林皆伐,清除地表植被,劈山整地,然后挖穴,栽植穴规格1m×1m×1m,林分密度为4m×5m),树龄40~50年。造林后每年对香榧树采取施有机肥、翻耕和去除林下植被等一系列管理措施。肥料用量如下:复合肥(N:P:K=15:15:15)0.7kg/m²,有机肥(禽畜粪便和稻草混合物)7.5kg/m²。不同林分土壤的基本性质见表2-3。

表2-3 不同林分土壤的基本性质

林分类型	土层深/cm	pH	有机碳含量/(g/kg)	全氮含量/(g/kg)	碱解氮含量/(mg/kg)	全磷含量/(g/kg)	有效磷含量/(mg/kg)	速效钾含量/(mg/kg)
香榧林	0~20	5.19	17.57	1.88	145.10	1.82	577.83	243.97
	20~40	4.76	7.76	0.83	70.18	0.93	324.57	143.98
	40~60	4.51	3.92	0.47	43.68	0.51	232.73	110.67
次生林	0~20	4.42	24.13	1.55	104.97	0.19	22.66	42.80
	20~40	4.52	14.40	1.04	72.27	0.15	15.54	38.20
	40~60	4.57	7.92	0.68	45.73	0.13	8.40	37.00

(二)试验设计

本研究采集基底条件基本一致、土地利用史清晰的天然次生林和40年香榧林地土壤,分析两种林分土壤有机碳相关组分的含量变化,以期为该地区香榧林的可持续经营与土壤固碳能力的提高提供科学依据。2017年9月,在试验地内选择40年的香榧树5株,对所选样株进行土样采集,在离开样本树100cm处随机选取5个点,挖取土壤剖面,按0~20cm、20~40cm、

40～60cm 深处的 3 个层次采集土壤样品。同时,在与之相邻的天然次生林地内选择 20m×20m 的样地 5 个,按照 S 形取样法采取各样地 0～20cm、20～40cm、40～60cm 深处的土层土壤。将土壤放入袋中,去掉其中的可见植物根系、残体和碎石,带回实验室自然风干,之后过 0.149mm 筛用于土壤有机碳(SOC)的测定,过 0.25mm 筛用于易氧化碳(ROC)、全氮(TN)的测定,过 2mm 筛用于轻组有机质(LFOM)、碱解氮(AN)、速效钾(AK)、有效磷(AP)、交换性钙(Ca)和交换性镁(Mg)的测定。

(三)研究方法

土壤有机碳测定用重铬酸钾外加热法。易氧化碳测定用 333mmol/L 高锰酸钾氧化法。轻组有机质测定用 1.7g/ml 碘化钠重液分离法。土壤养分测定用常规方法:全氮(TN)测定用凯氏定氮法;碱解氮(AN)测定用碱解扩散法;速效钾(AK)测定用乙酸浸提法;有效磷(AP)测定用碳酸氢钠法;交换性钙(Ca)和交换性镁(Mg)测定用原子吸收分光光度法。

四、不同林龄香榧叶片与土壤的碳、氮、磷生态化学计量特征

(一)试验地概况

试验地位于浙江省杭州市临安区板桥镇(地理坐标为 30°07′N,119°44′E)为北亚热带季风气候,年平均气温 16℃,年最高气温 39℃,年最低气温 −12.3℃,年平均降水量 1614mm,无霜期 237d。土壤为红壤土类,不同林龄香榧林 0～10cm 深处的土壤理化性质如表 2-4 所示。

表 2-4 香榧林地土壤基本理化性质

林龄/年	pH	碱解氮含量/(mg/kg)	有效磷含量/(mg/kg)	速效钾含量/(mg/kg)
2	5.4	96.4	5.4	112.2
5	5.2	102.5	7.8	123.3
7	5.2	113.6	9.2	127.5
12	5.1	125.5	11.3	131.8

(二)试验设计

2019 年 9 月,根据营造林档案,并在全面踏查的基础上,选取 2 年、5 年、

7年、12年生香榧人工林,分别建立20m×10m的样地各4个,共16个。香榧幼林均由杉木改造而来,海拔150～220m,东南坡。于每年10—11月施商品有机肥1kg/株,5—6月施复合肥(N:P:K=15:15:15)0.10～0.15kg。

调查样地内的香榧地径、树高,计算平均树高、地径(见表2-5),而后选取地径和树高均为平均值的标准株各3株。在标准株树冠的东、西、南、北方向各采取2根枝条,摘取所有叶片组成1个混合样品,共计16个叶片样品。在每个标准地中按五点采样法挖掘土壤剖面,采集0～10cm、10～30cm深处的土壤样品,采用四分法分取样品1kg左右,带回实验室风干后,过0.149mm筛,待用。

表2-5 不同林龄香榧林样地基本情况

林龄/年	地径/cm	树高/m	冠幅/(m×m)	密度/(株/hm²)	生物量/(kg/株)			
					叶片	枝条	主干	全株
2	1.9	0.7	0.5(0.5	675	25.3	37.1	57.8	120.2
5	3.3	1.1	0.7(0.7	675	159.1	209.6	242.9	611.6
7	4.5	1.5	0.8(0.8	675	265.5	352.1	360.1	977.7
12	7.4	2.2	1.1(1.1	675	621.2	640.8	659.7	1921.7

(三)研究方法

采回香榧叶片在实验室中用去离子水清洗后,于105℃杀青30min,而后在80℃烘干至恒重,粉碎后过0.149mm筛,备用。叶片和土壤碳、氮含量采用Elementar Vario MAX碳氮元素分析仪测定;叶片和土壤样品采用$HClO_4$-H_2SO_4消煮,钼蓝比色-分光光度法测定磷含量。

五、不同林龄香榧林生态系统碳储量初步研究

(一)试验地概况

试验地位于浙江省杭州市临安区板桥镇。

(二)试验设计

2019年9月,根据森林经营档案和全面踏查结果,选取2年、5年、7年、12年生香榧林,分别建立20m×10m的标准地各4个,共16个。对标准地内的香榧地径、树高、冠幅进行全面调查,计算平均地径、平均树高(见表

2-4)。然后选取标准株(地径和树高均为平均值)各 3 株,并采用全收获法挖掘,野外分离叶片、枝条、主干、根系,并分别称重,均匀选取不同器官样品 500～1000g(准确称重)于样品袋中,带回实验室。

在各样地中,按 S 形布点,分别采集 3 个 0～10cm、10～30cm 深处的土样,将其分别混合,然后采用四分法分取样品 1kg 左右,同时采集容重样。采集后带回实验室,去除石块和植物根系等杂物,过 2mm 筛后混匀,分置于室内自然风干后用于土壤有机碳(SOC)的测定。

(三)研究方法

采回的样品在实验室中用去离子水清洗后,于 105℃杀青 30min,而后在 80℃烘干至恒重,用高速粉碎机将样品粉碎后过 0.149mm 筛,备用。碳、氮含量采用 Elementar Vario MAX 测定。

土壤有机碳含量的测定采用 Elementar Vario MAX 碳氮元素分析仪。

(四)计算方式

土壤有机碳密度计算公式如下:

$$SOCD_D = \sum_{i=1}^{n} \frac{(1-\delta_i) \times \rho_i \times C_i \times T_i}{10}$$

式中:$SOCD_D$ 为厚度为 D 的土层的土壤有机碳密度(kg/m²);n 为土层数;δ_i 为第 i 层的砾石含量(即直径大于 2mm 的砾石的体积百分比,%);ρ_i 为第 i 层的土壤密度(g/cm³);C_i 为第 i 层的土壤有机碳含量(g/kg),由土壤有机质含量乘以 0.58(转换系数)得到;T_i 为第 i 层的土层厚度(cm)。

土壤有机碳储量计算公式如下:

$$SOCS_i = SOCD_i \times S$$

式中:$SOCS_i$ 为厚度为 i 的土层的土壤有机碳的储量(Pg);$SOCD$ 为第 i 层的土壤有机碳密度(kg/m²);S 为土壤面积(m²)。

第二节　不同立地与经营措施对香榧林地土壤肥力的影响

一、不同母岩发育的香榧林地土壤肥力的差异

(一)试验地概况

试验地选择在新昌巧英乡、建德三都镇、诸暨东百湖镇、兰溪梅江镇这

4个以不同母岩发育的香榧林地内，4个香榧林地的基本情况如表2-6所示。

表2-6　香榧林地基本情况

地点	母岩	土壤类型
新昌巧英乡	花岗岩	黄红壤
建德三都镇	石灰岩	红壤
诸暨东白湖	流纹岩	红壤
兰溪梅江镇	砂页岩	黄壤

（二）试验设计

在4个香榧林地中选取有5年经营年限的不同母岩发育的有代表性的小区。小区海拔为400～600m，坡度为30°左右，面积为300m²，小区从坡下向坡上延伸。同一母岩发育的林地选择坡向、坡度和人为经营措施大致相同，即每年施肥3～4次，肥料以复合肥为主，施肥量为每株1.5kg，进行林下除草的3个重复小区。分别在每个小区从下坡—中坡—上坡中随机选取12个采样点进行0～20cm、20～40cm深处的分层采样，并分别均匀混合成混合土样，采用四分法取混合土样1kg。

（三）研究方法

取经过预处理的土壤样品进行分析，土壤pH采用土水比为1∶2.5的悬浊液用酸度计法测定；土壤有机质含量选取重铬酸钾氧化法测定；土壤碱解氮含量、有效磷含量和速效钾含量分别采用碱解扩散法、Olsen法和乙酸铵浸提-火焰光度法测定。

二、不同经营年限下香榧林地土壤肥力的差异

（一）试验地概况

试验地设在浙江省新昌县巧英乡大雷村康益祺香榧精品园内，地处中、北亚热带过渡区，为亚热带季风气候，温和湿润，四季分明，春、夏初雨热同步而盛夏多晴热，秋、冬光温互补，灾害性天气较多。地理坐标为29°28′N，121°10′E。年平均日照1900h，年平均气温16.6℃，年平均降水量1500mm，无霜期240d。试验地土壤的成土母岩为花岗岩。

（二）试验设计

在香榧林地内选择不同经营年限下有代表性的样地,经营年限分别为2年、4年、6年、8年、10年(分别记为2Y、4Y、6Y、8Y、10Y)和没有经营香榧的林地作为起始时土壤(记为0Y)。各个样地的经营管理水平大致相同,每年施肥3～4次,肥料以复合肥为主,施肥量为每株1.5kg,进行林下除草翻耕。在不同经营年限的香榧样地内设置采样区块。区块面积为300m²,区块从坡下向坡上延伸,同一经营年限样地内设3个坡向、坡度和土壤类型相同的重复区块。分别在每个区块从下坡—中坡—上坡中随机选取12个采样点进行0～20cm、20～40cm深处的分层采样,并分别均匀混合成混合土样,采用四分法取混合土样1kg。各个区块基本情况如表2-7所示。

表2-7　各个区块基本情况

年限	密度/(株/亩)	坡度/°	样点数目	年限	密度/(株/亩)	坡度/°	样点数目
0 年	0	25	12	6 年	41	26	12
2 年	46	24	12	8 年	39	25	12
4 年	42	28	12	10 年	39	25	12

（三）研究方法

取经过预处理的土壤样品进行分析,土壤pH采用土水比为1∶2.5的悬浊液用酸度计法测定;土壤有机质含量选取重铬酸钾氧化法测定;土壤碱解氮含量、有效磷含量和速效钾含量分别采用碱解扩散法、Olsen法和乙酸铵浸提-火焰光度法测定。

三、不同种植坡位对香榧林地土壤肥力的影响

（一）试验地概况

试验地设在浙江省新昌县,地处中、北亚热带过渡区,属亚热带季风气候,温和湿润,四季分明,春、夏初雨热同步而盛夏多晴热,秋、冬光温互补,灾害性天气较多。年平均日照1900h,年平均气温16.6℃,年平均降水量1500mm,无霜期240d。同时具有典型的山地气候特征,水平、垂直方向差异明显。县域内花岗岩储量丰富,大多数土壤由花岗岩母岩发育。

（二）试验设计

在香榧林地内选择一处坡位条件合适（坡度 30°～40°）、香榧整齐排列种植的山坡。从山坡南坡（阳坡）的坡底开始，按照海拔间隔梯度 20m 左右，依次按南坡 S1（海拔 508m）、南坡 S2（海拔 528m）、南坡 S3（海拔 548m）、南坡 S4（海拔 568m）、南坡 S5（海拔 588m）、坡顶 T6（海拔 608m）、北坡 N7（海拔 588m）、北坡 N8（海拔 568m）、北坡 N9（海拔 548m）、北坡 N10（海拔 528m）、北坡 N11（海拔 508m）的顺序采取土壤样品，共 11 个坡位，分别标记为 S1、S2、S3、S4、S5、T6、N7、N8、N9、N10、N11。每个坡位设置 3 个重复的 5m×5m 的采样区。在各个采样区内按照"之"字形采样方法设置 5 个采样点，每个采样点采集 0～20cm 深处土层的土壤，将各个采样区的土壤混合成混合样品，用四分法将混合土壤样品去掉一部分，保留 1kg 的土壤样品。

（三）研究方法

取经过预处理的土壤样品进行分析，土壤 pH 采用土水比为 1∶2.5 的悬浊液用酸度计法测定；土壤有机质含量选取重铬酸钾氧化法测定；土壤碱解氮含量、有效磷含量和速效钾含量分别采用碱解扩散法、Olsen 法和乙酸铵浸提-火焰光度法测定。土壤全氮含量采用凯氏定氮法测定；土壤全磷含量用硝酸-高氯酸-氢氟酸消煮后采用原子吸收法测定；土壤全钾含量用硝酸-高氯酸-氢氟酸消煮后采用原子吸收法测定；土壤全铜含量用硝酸-高氯酸-氢氟酸消煮后采用原子吸收法测定。

四、不同垦殖方式下香榧林地土壤肥力的分布特征

（一）试验地概况

试验地设在浙江省新昌县巧英乡大雷村康益祺香榧精品园内。

（二）试验设计

在香榧林地中选择坡度基本一致（20°～30°）、坡向一致、林分密度为 4m×4m 的香榧林作为试验用林，供试树种为种植年限 10 年的样地。试验采用裂区设计，共 3 个处理，分别为顺坡开垦＋清耕（D1）、梯台开垦＋清耕（D2）、梯台开垦＋种植黑麦草（D3），每个处理 3 个重复，每个处理小区面积为 300m²，随机排列，具体做法见表 2-8。所有小区施肥管理相同，每年施肥 3～4 次，施肥点在每株香榧树冠滴水线附近，肥料为复合肥，施肥量为每株 1.5kg。

表 2-8　试验处理

样地	处理	具体做法
D1	顺坡开垦＋清耕	30m×30m 的小区坡面种植 14 株香榧,坡面自然长草,每年除草 3～4 次
D2	梯台开垦＋清耕	30m×30m 的小区坡面修建成 7 个梯台,台面宽 4m,每个梯台种植 2 株香榧,台面自然长草,每年除草 3～4 次
D3	梯台开垦＋生草	30m×30m 的小区坡面修建成 7 个梯台,台面宽 4m,每个梯台种植 2 株香榧,台面种植黑麦草

以树体为中心土壤采样法:在每个小区中随机选取 3 株香榧,以香榧树干为中心,沿东西南北四个方向分别选取距树干 60cm、20cm、180cm 处采集 0～20cm 深处的土样 12 个。将 3 株香榧树不同距离采集的土壤样品分别混合均匀,采用四分法取混合土样 1kg。

垂直剖面土壤采样法:在每个小区中随机选取 3 株香榧,在每株香榧树冠滴水线附近(距离树干 120cm 左右),沿东西南北四个方向分别挖取 0～20cm、20～40cm、40～60cm 三个层次深处的土壤。将 3 株香榧树不同层次采集的土壤样品分别混合均匀,采用四分法取混合土样 1kg。

沿坡面土壤取样法:在每个调查小区分别从坡顶至坡底沿 3m(上坡位)、15m(中坡位)、27m(下坡位)的间距设 3 个取样断面,每个断面采集 0～20cm 深处的土层的土样 1kg。

(三)研究方法

取经过预处理的土壤样品进行分析,土壤 pH 采用土水比为 1:2.5 的悬浊液用酸度计法测定;土壤有机质含量选取重铬酸钾氧化法测定;土壤碱解氮含量、有效磷含量和速效钾含量分别采用碱解扩散法、Olsen 法和乙酸铵浸提-火焰光度法测定。

五、不同施肥处理对香榧林地土壤肥力的影响

(一)试验地概况

试验地设在浙江省新昌县巧英乡大雷村康益祺香榧精品园内。

(二)试验设计

在香榧林地内,选择有代表性的、具有 4 年经营年限的、4 种不同施肥处

理的研究样地。各个样地基本情况如表 2-9 所示。

表 2-9　各样地基本情况

样地	施肥类型	施肥情况及抚育措施
T1	不施肥	每年除草 3～4 次,进行表层松土
T2	复合肥	每年 3 月和 9 月进行撒施(1.5kg/株);每年除草 3～4 次,进行表层松土
T3	有机肥	每年的下半年进行一次有机肥的撒施(3.5～4.0kg/株);每年除草 3～4 次,进行表层松土
T4	复合肥+有机肥	每年 3 月和 9 月进行撒施复合肥(0.5kg/株),下半年撒施一次有机肥(2.5kg/株);每年除草 3～4 次,进行表层松土

在 4 种样地内选取有代表性的区块,区块面积为 300m²,区块从坡下向坡上延伸,选择 3 个坡向、坡度和土壤类型相同的区块大体作重复处理。分别在每个区块从下坡—中坡—上坡中随机选取 12 个采样点进行 0～20cm、20～40cm 深处的分层采样,并分别均匀混合成混合土样,采用四分法取混合土样 1kg。采集的土壤样品带回实验室,进行阴干处理后,磨细过筛,干燥保存备测。

(三)研究方法

取经过预处理的土壤样品进行分析,土壤 pH 采用土水比为 1∶2.5 的悬浊液用酸度计法测定;土壤有机质含量选取重铬酸钾氧化法测定;土壤碱解氮含量、有效磷含量和速效钾含量分别采用碱解扩散法、Olsen 法和乙酸铵浸提-火焰光度法测定。

第三节　香榧根际土壤微生物多样性及根腐病的研究

一、香榧根际土壤微生物多样性研究

(一)试验地概况

本研究采样点分别为浙江省新昌县巧英乡、诸暨赵家镇、临安玲珑镇三种不同母岩香榧种植基地。

诸暨赵家镇试验样地位于浙江省中部偏北,地处中、北亚热带季风气候过渡带,属亚热带季风气候区,四季分明,雨水较多,光照充足,年温差大于同纬度邻县(区、市),小气候差距显著,具有典型的丘陵山地气候特征。地理坐标为 29°42′N,120°29′E。年平均气温 16.3℃,年平均降水量 1373.6mm,年平均降水日 158.3d,年平均相对湿度 82%,年平均日照 1887.6h,年平均日照率 45%。试验地土壤的成土母岩主要为流纹岩。海拔 200~300m。

临安玲珑镇试验样地地处浙江省西北部,中亚热带季风气候区南缘,属季风型气候,温暖湿润,光照充足,降水充沛,四季分明。地理坐标为 30°08′N,119°37′E。年平均降水量 1613.9mm,年平均降水日 158d,年平均无霜期 237d。试验样地土壤的成土母岩主要为石灰岩。海拔 300~500m。

新昌巧英乡试验样地设在浙江省新昌县巧英乡大雷村康益祺香榧精品园内。

(二)试验设计

2016 年 10 月在新昌县巧英乡香榧林地,选取已种植 5、10、15 年的香榧林地,按随机采样法于每个年龄段各选择 4 块 20m×20m 样地作为土壤样品采集地。所有样地位于同一海拔。

2016 年 10 月在诸暨赵家镇香榧林地,选取海拔高度为 200m、250m、300m 且已种植 15 年左右的香榧林地,按随机采样法于每个海拔高度各选择 4 块 20m×20m 样地作为土壤样品采集地。

2016 年 10 月在临安玲珑镇香榧林地,选取海拔高度为 350m、400m、450m 且已种植 15 年左右的香榧林地,按随机采样法于每个海拔高度各选择 4 块 20m×20m 样地作为土壤样品采集地。

所有样地管理模式均无明显差异。样地内香榧管理方式为每年施肥 3~4 次,肥料以复合肥为主,施肥量为每株 1.5kg,施肥方法采用半环施方法,进行林下除草翻耕。每次采样时先去除地表凋落物及残留覆盖物等,然后在以香榧主茎为中心、半径为 50~80cm 的范围内取土,取土深度为 10~20cm,每个样地均按五点取样法采集土壤样本,每个点取 6 个重复,四分法混匀后装入无菌袋中,放入冰盒内带回实验室。12 个处理共计得到 48 个混合土样。过 2mm 筛以除去石头、根系以及土壤动植物,一部分土壤置于室内风干,研磨后用于理化性质测定,另一部分土壤冷冻干燥后保存于−80℃超低温冰箱内,用于土壤总 DNA 提取。

（三）研究方法

1. 土壤分析

取经过预处理的土壤样品进行分析，土壤 pH 采用土水比为 1∶2.5 的悬浊液用酸度计法测定；土壤有机质含量选取重铬酸钾氧化法测定；土壤碱解氮含量、有效磷含量和速效钾含量分别采用碱解扩散法、Olsen 法和乙酸铵浸提–火焰光度法测定。

2. 土壤微生物测定

土壤总 DNA 提取及浓度测定：采用 CTAB（十六烷基三甲基溴化铵）方法对不同样地的 4 个重复土样的总 DNA 进行提取，之后利用琼脂糖凝胶电泳检测 DNA 的纯度和浓度，用于基因组 DNA 的提取。

PCR（聚合酶链式反应）扩增及测序：细菌和真菌核糖体编码基因相应区段的扩增及测序服务由诺禾致源生物信息公司完成。细菌的 PCR 扩增采用的是 16S rRNA 基因中的 V3-V4 区引物 341F(5′-CCTAYGGGRBGCASCAG-3′) 和 806R(5′-GGACTACNNGGGTATCTAAT -3′)。对 18S rDNA 的 ITS1 区段进行测序，分析真菌多样性。引物为 ITS5-1737F(5′-GGAAGTAAAAGTCGTAACAAGG3′) 和 ITS2-2043R (5′-GCTGCGTTCTTCATCGATGC-3′)。扩增条件设置：98℃ 预变性 1min，98℃ 变性 10s，50℃ 退火 30s，72℃ 延伸 60s，30 个循环，72℃ 延伸 5min。测序采用 Illumina MiSeq 平台。

按照 Barcode 序列和 PCR 扩增引物序列从下机数据中拆分出各样品数据，截去 Barcode 序列和引物序列后，经 FLASH，对每个样品的 reads 进行拼接，获得原始数据（Raw Data）。为了使信息分析的结果更加准确，参照 QIIME 的 Tags 质量控制流程，首先对原始数据进行拼接过滤，得到有效数据，并通过与数据库比对，检测嵌合体序列，最终获得有效数据。测序深度为每个文库原始 reads 数不少于 4 万条，之后以 97％ 相似性为依据，使用 UPARSE软件将有效数据进行 OTUs（可操作分类单元）聚类分析。依据 OTUs 聚类分析结果，一方面，用 QIIME 软件（VERSION1.7.0）对每个 OTU 的代表序列做物种注释，得到相应的物种信息和基于物种的相对丰度分布情况。同时，对 OTUs 进行相对丰度、α-多样性计算等分析，以得到样品内物种丰度信息、不同样品或分组间的共有和特有 OTUs 信息等。另一方面，使用 R 软件（VERSION2.15.3)绘制 PCoA、NMDS 降维图，得到分组的群落结构差异。为进一步找到分组样品间的群落结构差异，运用 t 检验、

Mantel 检验等统计分析方法对分组样品的物种组成和群落结构进行差异显著性检验。相关性分析采用 SPSS16.0 软件处理。

二、香榧根腐病株根际土壤微生物群落特征研究

（一）试验地概况

试验地选自浙江省杭州市临安区太湖源镇素云村的一处香榧人工林，海拔 250m，地理坐标为 $30°20'39''N$，$119°37'26''E$，年平均气温 16℃，年平均降水量 1450mm，属于亚热带季风气候，土壤类型为砂壤土。该地香榧人工林面积约为 20 公顷，香榧植株间距约为 3m×3m，香榧树龄在 12 年左右。该地香榧人工林是由毛竹林经林分改造而来，采用统一的经营管理模式，每年施肥两次，每棵香榧施 0.75～1kg 复合肥（N：P：K＝15：15：15），其中 60％为基肥，四月下旬施加，40％为补充肥，在 10 月伴随着土壤耕作施加。根据孙蔡江等人（2002）描述的香榧根腐病典型特征，经调查表明，该样地香榧根腐病发病率在 20％左右。样地发病植株地上部叶片萎蔫变黄，地下部根系腐烂，呈紫红色，具有明显的香榧根腐病发病症状。

（二）试验设计

2017 年 5 月在上述香榧人工林中进行样品采集。首先，选取面积为 20m×20m、间隔为 10m 的 3 个小区。每个小区确保具有相似的土壤类型、一致的海拔高度和管理模式。其次，在每个小区内随机选取 3～4 株具有典型根腐病发病症状的根腐病树，同时随机选取 3～4 株生长健康的香榧树作为对照，总共选择健康和病株各 10 株。利用激光测树仪对树高进行测量，并对每株树的胸径和冠幅进行测量，分别采集叶片样品与土壤样品。

叶片样品的采集与处理：从每株树中随机选取 1 年生香榧叶片进行采集，将叶片样品置于塑封袋中，并放入冰盒内，立即送到实验室。每个试验样品分成 3 份：1 份保存于 4℃ 冰箱，用于基本生理指标测定；1 份保存于 80℃ 冰箱，用于酶活测定；1 份烘干，用于元素含量测定。

土壤样品的采集与处理：除去土壤表层的枯枝落叶后，在以树干为中心、直径 1m 的圆形范围内，用灭菌土钻随机采集深度 0～20cm、直径 7cm 的 10 个土柱，将 10 个土柱混合成一个样品后置于无菌塑料袋中，密封放在冰上，立即运往实验室。土壤样品进行均匀化处理后，分成 4 份：1 份过

2mm 筛后保存于 4℃ 冰箱,用于 Biolog 实验;1 份自然风干后过0.25mm 筛,用于土壤理化性质测定;1 份微风干后过 0.5mm 筛,保存于 4℃ 冰箱,用于土壤酶活测定;1 份过 2mm 筛后冻干保存于 -80℃ 冰箱,用于 DNA 的提取。

(三)研究方法

1.植物生长生理指标测定

在土壤均匀化处理过程中,用镊子从筛子中挑取根,用水冲洗后在 65℃ 下烘干,称重,测定根系生物量。以树高、胸径、冠幅等数据为基础,采用钱逸凡等(2013)提出的方法估算地上生物量。将叶片在 65℃ 下烘干直至质量不变,用质量差法测定叶片含水量。利用凯氏定氮仪测定叶片氮含量。利用 95% 的乙醇提取后,在分光光度计下测定总叶绿素含量(单位为 mg/g 鲜重)。采用考马斯亮蓝 G-250 法测定可溶性蛋白含量。根据 Nayyar(2003) 所描述的方法,利用叶片的相对电导率来估算细胞膜透性。用愈创木酚法测定叶片过氧化物酶(POD)活性。

2.土壤总 DNA 提取和实时荧光定量 PCR

称取于 -80℃ 冰箱保存的冷冻干燥土壤样品 0.50g,采用土壤 DNA 提取试剂盒(D4015 Omega,USA)提取土壤总 DNA。提取的 DNA 片段大小经 1%(m/V)的琼脂糖凝胶电泳检测,并用微量分光光度计(Nano Drop ND-1000 spectro-photometer,USA)进行浓度测定。提取后的 DNA 样品保存于 -40℃ 冰箱。

实时荧光定量 PCR 技术是指在 PCR 反应体系中加入荧光基团,利用荧光信号积累实时监测整个 PCR 进程,最后通过标准曲线对未知模板进行定量分析的方法。以提取的土壤总 DNA 作为模板,利用引物 338F(5′-ACTCCTACGGGAGGCAGCAG-3′) 和 518R (5′-ATTACCGCGGCTGCTGG-3′)测定细菌 16S rRNA 基因的丰度,利用引物 5.8S(5′-CGCTGCGTTCTTC ATCG-3′)和 ITS1F(5′-TCCGTAGGTGAA-CCTGCGG-3′)测定真菌内转录间隔区(ITS)基因的丰度。采用 SYBR Green1 荧光染料监测技术,在 IQ5 型荧光定量 PCR 仪(Bio-RadL aboratories,USA)上进行定量 PCR 反应。PCR 反应体系含有:0.2mg/ml BSA 溶液,1~10ng 模板 DNA,上游引物和下游引物各 0.2μmol/L,SYBRpremixEX Taq™12.5μl。PCR 扩增程序为:95℃ 预变性 3min,35 次循环(95℃ 变性 30s、55℃ 退火 30s、72℃ 延伸 40s),最

后在 72℃下再延伸 10min。

1.5%(m/V)琼脂糖凝胶电泳检测 PCR 产物特异性。土壤样本中基因的拷贝数是根据 Chen 等人(2016)描述的方法用纯化的模板质粒 DNA 生成的标准曲线来确定的,以 1g 干土的基因拷贝数进行表示和分析。

3.高通量测序

土壤样品中的细菌和真菌群落组成在 Illumina MiSeq 平台上进行测定。用引物 515F(5′-GTYCAGCMGCCGCGGTAA-3′)和 806R(5′-GGACCH VGGGTWTCTAAT-3′)对细菌 16rRNA 基因 V4 区进行扩增。采用引物 ITS7(5′-GTARTCATCGAATTTG -3′)和 ITS4(5′-TCCGCTTAGA T-ATGC-3′)扩增真菌 ITS2 区。

PCR 反应体系含有:10ng 模板 DNA、12.5μl PCR 混合物、2.5μl 引物,加 PCR 缓冲液至 25μl。PCR 扩增程序包括:94℃预变性 3min,35 个循环(94℃变性 40s、50℃退火 60s、72℃延伸 60s),最后在 72℃下再延伸 10min。每个样品进行 3 次 PCR 反应,PCR 扩增后进行混合。PCR 产物经 2%(m/V)琼脂糖凝胶电泳检测,用 AMPure XTbeads(Beckman Coulter Genomics,USA)进行纯化,用 Qubit(Invitrogen,USA)进行定量分析。将每个样品的 PCR 产物稀释到相等的物质的量,在 Illumina MiSeq 平台(Illumina,USA)上进行测序(2×250bp)。所获得的原始读取数据以 SRP140593 的登录号存入 NCBI 的 SRA 数据库。

使用 QIIME 软件对原始序列进行处理,成对读取并根据其独特的条形码分配给样本,再使用 FLASH 进行合并。在聚类前,平均质量分数小于 20、碱基不明确和引物不正确的读取被丢弃。利用 UPARSE 软件,将所得到的高质量序列以 97%的相似性聚类为 OTUs,在聚类过程中对嵌合体进行检查和消除。典型序列被选择作为单独的 OTU,利用 RDP 进行分类。为了校正样本,每个样品随机选取了 14657 和 8898 条序列进行后续细菌和真菌的多样性分析。

用 SPSS19.0 软件进行统计分析,数据表示为平均值±标准差。在 95%置信区间(CI)下,采用独立样本 t 检验,分析健康样本与患病样本生长生理指标、土壤理化性质、平均变化率(AWCD)、功能多样性指数、土壤酶活性、各功能基团的 C 源利用率的统计学差异。在进行 t 检验之前,对方差分布的正态性和同质性进行检验,如果违反了同质性假设,则对数据进行对数转换。

用基于 OTUs 的分析方法,计算样品的丰度和多样性指数——Chao1 指数、Shannon 指数和 Simpson 指数,其临界值为 3%。在 95% 置信区间 (CI) 下,采用独立样本 t 检验,分析健康样本和患病样本 OTUs、多样性指数、基因拷贝数的统计学差异。基于 Bray-Curtis 距离矩阵,采用主成分分析法(PCoA)分析样品间微生物群落组成的差异。使用 R 语言的 vegan 软件包,利用 ANOSIM 分析、Adonis 分析、MRPP 分析进一步分析健康植株与患病植株微生物群落组成差异。依据 OTUs 聚类分析结果,用 QIIME 软件对每个 OTU 的代表序列做物种注释,得到相应的物种信息和基于物种的相对丰度分布情况。利用独立样本 t 检验,在门的水平和属的水平上,对健康与患病组物种相对丰度进行差异显著性检验。利用 LEfSe 分析比较健康与患病样本间差异物种情况,首先采用非参数因子 Kruskal-Wallis(Kruskal-Wallis 秩和检验)检测组间丰度差异显著的物种,然后采用线性判别分析(LDA)对数据进行降维,并评估差异显著的物种的影响力大小(即 LDA 值)。

利用 Pearson 相关分析研究了植物生理参数、土壤性质与生物变量之间的关系。利用 Canoco 4.5 软件对健康和患病植株根际土壤性质和微生物特征与土壤酶活性的关系进行冗余分析(RDA)。利用 Canoco 4.5 软件进行了典范对应分析(CCA),以确定主要的环境因子(土壤水分、pH、土壤有机碳、碱解氮、根系生物量)对微生物群落组成的影响。为了确定根腐病、土壤性质和根系生物量对微生物群落组成的相对贡献,采用方差分解分析(VPA)将因变量的总方差分解为不同的部分。

4. 群落水平生理特性分析

为了阐明根腐病引起的微生物底物利用模式的变化,根据 Girvan 等人 (2003)的步骤,应用 Biolog-ECO 平板法进行群落水平生理特性(CLPP)分析,具体操作步骤如下:称取 10g 土壤样品于 250ml 三角瓶中,加入 100ml 无菌水震荡摇匀后,稀释 100 倍,接种(125μl/孔)在生态板中,在 25℃ 下黑暗培养。用 ELxS08-Biolog 微孔板读数仪(Bio-Tek Instruments,USA)读取在 590nm 波长下的数据,每隔 24h 读取一次,直至 168h。

微生物整体活性以平板每孔颜色的 AWCD 表示。基于 72h 的 AWCD 对样本进行统计分析。采用非度量多维尺度(NMDS)分析和相似性 (ANOSIM)分析计算患病与健康样品间微生物代谢潜力的差异,并使用基于 999 置换的 ANOSIM 分析计算 NMDS 分析相关的 r 值。为了确定最大利用率,用 Biolog-ECO 板将 31 种 C 源分为 6 个功能团(碳水化合物、氨基酸、羧酸、胺/酰胺、多聚物和酚类化合物),并计算了每个功能团的最高利用率。微生物群落的功能多样性参照 Zak 等人(1994)的方法,以 72h AWCD数据为基础得到的 Shannon 指数、Simpson 指数和 Mclntosh 指数综合评价。AWCD、Shannon 指数(H)、Simpson 指数(D)和 Mclntosh 指数(U)的计算方法如下:

$$AWCD = \sum (C_i - R)/n$$

$$H = - \sum (P_i \times \ln P_i)$$

$$D = 1 - \sum (P_i)^2$$

$$U = \sum (n_i \times n_i)$$

式中:C_i 为待测样的光密度值;R 为对照样的光密度值;n 为 C 源种类数(Biolog-ECO板,$n=31$);P_i 为第 i 孔与对照孔的光密度值差和整个平板光密度总差的比值;n_i 为第 i 孔的相对光密度值。

5.土壤酶活性测定

选择 12 种与 C(过氧化物酶、β-木糖苷酶、α-葡萄糖苷酶、β-D-纤维二糖苷酶、β-葡萄糖苷酶、转化酶)、N(脲酶、几丁质酶、亮氨酸氨基肽酶、N-乙酰-β-氨基葡萄糖苷酶)、P(磷酸酶)和 S(芳基硫酸酯酶)循环相关的土壤酶进行分析。其中,β-木糖苷酶、β-D-纤维二糖苷酶、α-葡萄糖苷酶、β-葡萄糖苷酶、亮氨酸氨基肽酶、N-乙酰-β-氨基葡萄糖苷酶和磷酸酶这 7 种酶均按 Bell 等人(2013)描述的荧光法进行测定。该方法是通过使用微板荧光计(协同™H1,Biotek)测定在 365nm 激发波长和 450nm 发射波长下荧光裂解产物MUB(4-甲基伞形酮磷酸酯)或 MUC(4-甲基香豆素)的产量来完成的。转化酶活性是通过测定以蔗糖溶液(8%)为底物、37℃培养 24h 后的葡萄糖释放量来完成的。根据鲁如坤(2000)的方法以尿素为底物测定脲酶活性。以 L-3,4-二羟基苯丙氨酸(L-DOPA)为底物,在 96 孔板上测定过氧化物酶活性。芳基硫酸酯酶和几丁质酶的活性测定方法是通过测定在 410nm 波长下的光密度值来计算底物中释放出的对硝基苯酚(PNP)含量,从而表征酶的活性。

第四节 浙江省香榧质量评价体系研究

一、浙江省香榧及其油脂综合性状研究

(一)试验地概况

试验地选取了浙江省香榧主产区——会稽山区的诸暨、嵊州、柯桥及东阳四地。

(二)试验设计

2016 年 12 月,选取 10 个香榧主产区销售的香榧品牌并进行编号。样品共计 41 份,即诸暨 1~10 号,柯桥 11~12 号,建德 13 号,浦江 14 号,磐安 15~16 号,嵊州 17~25 号,宁海 26~30 号,东阳 31~39 号,富阳 40 号,临安 41 号。

样品经剥壳后粉碎,用于测定脂肪、蛋白质、灰分、碳水化合物、粗纤维、水分、酸价、过氧化值、出油率、维生素、氨基酸和脂肪酸组成。

(三)研究方法

仪器:Foss 凯氏定氮仪、电子天平、Agilent 7890 气相色谱仪配 FID 检测器(美国安捷伦仪器有限公司)、waters-TQD 液相色谱-串联质谱仪(美国沃特世有限公司)。

1.香榧种仁果实性状的测量

(1)完善果率检测

随机称取 500g(精确到 0.1g)混合均匀的香榧,选出完善果质量并称量,计算完善果质量占试样总质量的百分比。颗粒大小随机称取 500g(精确到 0.1g)混合均匀的香榧完善果,计算粒数。

(2)单粒重测定

随机称取 500g(m,精确到 0.1g)混合均匀的香榧完善果,计算粒数(n),m/n 的值即为单粒重。

(3)香榧横径检测

随机抽取 20 粒混合均匀的香榧完善果,用精度为0.01cm的游标卡尺逐个测定果实膨出最大处距离,取平均值,即为果径大小。

2.香榧种仁理化指标测定

香榧种仁理化指标测定参考标准见表2-10。

表 2-10　香榧种仁理化指标测定参考标准

测定指标	参考标准	测定指标	参考标准
脂肪	《食品中脂肪的测定》(GB/T 5009.6—2016)	氨基酸	《食品中氨基酸的测定》(GB/T 5009.124—2016)
灰分	《食品中灰分的测定》(GB/T 5009.4—2016)	维生素 E	《食品中维生素 A,D,E 的测定》(GB/T 5009.82—2016)
碳水化合物	《食品营养成分基本术语》(GB/Z 21922—2008)	维生素 B	《食品中维生素 B 的测定》(GB/T 5009.84—2016)
粗纤维	《食品中粗纤维的测定》(GB/T 5009.10—2003)	烟酸	《复合预混料中烟酸叶酸的测定》(GB/T 17813—1999)
蛋白质	《食品中蛋白质的测定》(GB/T 5009.5—2016)	酸价	《食品中酸价的测定》(GB/T 5009.229—2016)
水分	《食品中水分的测定》(GB/T 5009.3—2016)	过氧化值	《食品中过氧化值的测定》(GB/T 5009.227—2016)
脂肪酸	《食品中脂肪酸的测定》(GB/T 5009.168—2016)		

碳水化合物总含量按下式计算：

$$碳水化合物总含量=100\%-(水分含量+粗蛋白质含量+$$
$$粗脂肪含量+粗纤维含量)$$

3.香榧种仁油脂的提取

将抽取的香榧样品人工剥壳后,将种仁放入粉碎机中破碎,称取 5g 于快速溶剂萃取仪的不锈钢萃取池中萃取。萃取溶剂为正己烷:丙酮=1:1 (V/V),萃取温度 70℃,加热 5min,静态时间 5min,淋洗体积为 60% 池体积,氮气吹扫时间 60s,静态萃取 3 次,收集全部提取液,将提取液转移至平底烧瓶中,于真空旋转蒸发仪上 40℃ 浓缩至恒重,得到香榧种仁粗油。计算得出出油率：

$$出油率=油脂质量/原料质量\times100\%$$

4.统计分析

数据统计及分析用 Excel 及 SPSS16.0 软件,差异显著性为 $P<0.05$。

二、浙江省炒制香榧中九种矿质元素含量的研究

(一)试验地概况

采集浙江省 10 个县(区、市)共 41 个具有代表性的品牌企业生产的香榧产品。其中诸暨市 10 个、柯桥区 2 个、嵊州市 9 个、宁海县 5 个、建德市 1 个、富阳区 1 个、临安区 1 个、浦江县 1 个、东阳市 9 个、磐安县 2 个。

(二)试验设计

将采集的香榧样品去壳,取出种仁,用粉碎机粉碎后,称取适量样品。参考表 2-11 方法,用硝酸-双氧水体系微波消解,分别测定香榧种仁中铜、锌、铁、镁、锰、钾、钠、钙、硒的含量。

表 2-11　香榧中 9 种矿质元素的测定参考标准

测定指标	参考标准
铜	《食品中铜的测定》(GB/T 5009.13—2003)
锌	《食品中锌的测定》(GB/T 5009.14—2003)
铁、镁、锰	《食品中铁、镁、锰的测定》(GB/T 5009.90—2003)
钾、钠	《食品中钾、钠的测定》(GB/T 5009.91—2003)
钙	《食品中钙的测定》(GB/T 5009.92—2003)
硒	《食品中硒的测定》(GB/T 5009.93—2010)

(三)研究方法

仪器:微波消解仪(奥地利安东帕 Multiwave 3000),原子吸收光谱仪(美国 Thermo iCE3500),原子荧光分光光度计(北京吉天 AFS-9230)。

试剂:钾、镁、钙、锌、铜、铁、锰、硒、钠标准溶液(国家钢铁材料测试中心),硝酸、双氧水(优级纯,国药集团化学试剂有限公司)。

第三章 香榧主产区林地土壤养分空间异质性及其肥力评价

第一节 香榧主产区林地土壤养分空间异质性

一、香榧主产区林地土壤养分空间分析

如表 3-1 所示,浙江香榧主产区——会稽山区的诸暨、嵊州、柯桥和东阳四地的土壤 pH 为 3.58~6.81,平均值为4.91。戴文圣等(2006)研究表明,pH 会影响香榧的生长发育,过度酸黏的土壤会导致产量降低、品质变差,pH 为 5.2 时最佳。香榧主产区土壤酸度的变幅虽较小,但过度酸化不利于提升香榧的产量和品质,应及时引起有关部门的重视。香榧主产区土壤有机质、碱解氮、有效磷和速效钾的平均值分别为30.60g/kg、136.77mg/kg、15.02mg/kg 和 153.42mg/kg,参照《浙江林业土壤》土壤养分分级标准,香榧主产区土壤有机质、碱解氮、有效磷和速效钾含量偏高。根据实地调查显示,大多数地区林农大量施用复合肥(N∶P∶K=15∶15∶15/17∶17∶17)和除草剂。大量施肥虽使土壤养分含量总体提高,但过高的氮和磷会影响香榧产量和质量,导致落叶落果。土壤钾含量过高对植物生长虽影响较小,但会造成资源浪费和环境污染等一系列问题。在浙江省其他经济林种植园(山核桃、竹子和茶等)中,不科学的肥料配比也导致了土壤养分失衡。变异系数(CV)值可以用来描述研究变量的变异度,能更好地反映离散程度。根据王政权等(2000)的研究报道,当变异系数<10%时,为

弱变异;当 10%≤变异系数≤30% 时,为中度变异;变异系数>30% 时,为高度变异。研究显示,香榧主产区土壤仅 pH 属于中度变异,其余 4 种养分元素均表现为高度变异,表明香榧林地土壤肥力之间的差异较大。

表 3-1　香榧主产区土壤养分描述性统计分析

指标	最小值	25%	中位数	75%	最大值	平均值	标准差	变异系数/%	偏度	峰度	K-Sp
pH	3.58	4.53	4.84	5.21	6.81	4.91	0.61	12.42	0.67	1.08	0.496
有机质含量/(g/kg)	1.56	13.58	26.18	43.01	93.06	27.62	21.49	77.80	0.92	0.41	0.149
碱解氮含量/(mg/kg)	24.50	68.25	115.50	163.63	470.75	136.77	95.23	69.63	1.48 (0.009)	2.01 (−0.477)	0.003 (0.977)
有效磷含量/(mg/kg)	0.90	2.15	5.93	21.22	62.38	15.02	17.89	119.11	1.34 (0.243)	0.43 (−1.252)	0.000 (0.086)
速效钾含量/(mg/kg)	12.00	63.50	106.00	213.00	509.00	153.42	116.50	75.93	1.13 (−0.070)	0.42 (−0.521)	0.001 (0.054)

注:括号内为进行对数转换后的偏度、峰度和 K-Sp 检验的显著性水平。

　　土壤 pH、有机质、碱解氮、有效磷和速效钾含量的全局 Moran's I 值均大于 0,分别为 0.14、0.24、0.20、0.29、0.23,呈现了显著正的空间自相关性($P<0.05$),说明在香榧主产区土壤 pH、有机质、碱解氮、有效磷和速效钾含量的目标值和它们临近的采样点具有一定的相似性。

　　局部 Moran's I 的空间分布特征表明了土壤 pH 的高值集聚区主要分布在诸暨市,低值集聚区主要分布在柯桥区。土壤有机质、碱解氮、有效磷和速效钾的空间自相关分布较为相似,高值集聚区主要分布在柯桥区和嵊州市,低值集聚区主要分布在诸暨市和东阳市。不同地区的施肥方式存在差异且没有规范统一的科学管理措施,是产生空间格局异质性的主要原因。而大多数高-低空间异常值主要分布在低值集聚区的附近区域;与之相反,低-高空间异常值主要分布在高值集聚区的附近地区。

二、香榧主产区林地土壤养分空间变异结构特征

采用地统计学方法对浙江香榧主产区土壤养分进行空间结构和变异特征分析，对其进行半方差函数拟合，并根据最大 R^2 选取最佳拟合模型。由图 3-1 和表 3-2 可知，土壤 pH 符合高斯模型；土壤有机质含量和碱解氮含量符合指数模型；土壤有效磷含量和速效钾含量符合球状模型。

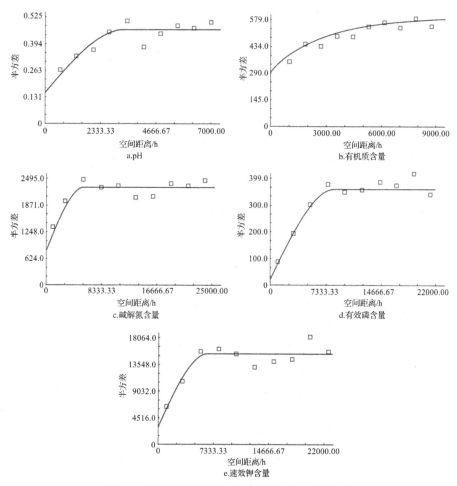

图 3-1　香榧主产区林地土壤养分的半方差分析图

块基比又称为基台效应，即块金值与基台值的比值，可以衡量空间依赖的程度。Cambardella 等(1994)将块基比分为 25%、25%～75%、75%，分别表示强、中、弱的空间相关性。变程也是半方差函数中的一个重要的指标，

表 3-2　香榧主产区林地土壤养分变异函数理论模型及其相关参数

指标	理论模型	块金值	基台值	变程/km	块基比/%	R^2
pH	高斯模型	0.151	0.464	3.29	32.54	0.617
有机质含量	指数模型	295.4g/kg	590.90g/kg	8.52	49.99	0.764
碱解氮含量	指数模型	1464.05mg/kg	2299.00mg/kg	5.84	63.68	0.793
有效磷含量	球状模型	1948.52mg/kg	2978.58mg/kg	8.82	65.42	0.955
速效钾含量	球状模型	2903.50mg/kg	4270.71mg/kg	6.49	67.99	0.822

主要反映在一定区域尺度下空间自相关性的作用和影响范围。从表 3-2 可知,土壤 pH、有机碳、碱解氮、有效磷和速效钾含量的块基比均在25%～75%,表示中等变异程度的空间相关性。土壤养分的分布是自然因素(地形、土壤类型、母岩、气候等)和人为活动(施肥、除草等)共同作用的结果。自然因素会增强土壤养分变量的空间相关性,而人为活动将削弱其空间相关性,并向均质化方向发展。根据块基比(见表 3-2)可知,这些变量受到自然因素和人为活动的共同影响。五种变量的变程均较小,其中 pH 的变程最小为 3.29km,有机质、碱解氮、有效磷和速效钾含量的变程较为相似,分别为 8.52km、5.84km、8.82km、6.49km,表明各变量与人类活动密切相关。

三、香榧主产区林地土壤养分的空间分布格局

土壤养分状况需要借助土壤养分水平分级标准来进行评价。目前对香榧林地土壤的研究较少,迄今还没有相应的土壤养分分级标准来衡量香榧土壤养分状况。本研究基于《浙江林业土壤》的养分等级划分标准,将土壤 pH、有机质、碱解氮、有效磷和速效钾划分为四级。通过普通克里格插值法,绘制香榧主产区土壤养分的空间分布图。土壤 pH 低值区主要分布在柯桥区和嵊州市,高值区主要分布在诸暨市和东阳市。总体来说,大部分地区的土壤 pH 较低,柯桥区和嵊州市的土壤酸化情况尤为严重。香榧林地土壤 pH 会受到成土母岩以及人为施肥等因素的共同影响,尤其是长期滥用化学肥料会导致土壤酸化日趋严重。马闪闪等(2016)报道了采用生石灰、土壤调理剂有利于改良临安山核桃土壤酸化。香榧主产区土壤有机质、碱解氮、有效磷和速效钾的空间分布格局具有一定的相似性:高值区主要分布在柯桥区和嵊州市,少数分布在诸暨市东部;低值区主要分布在诸暨市和东阳

市。诸暨市东部为早期的香榧种植区,长期集约经营造成了土壤养分的富集。土壤养分受气候、地形等自然条件以及人为因素的共同作用。本研究中 4 个区域的自然气候和地理条件相似,地形均以丘陵为主,因此经营管理措施的不同是导致土壤养分差异的主要因素。香榧主产区土壤养分空间分布特征与上述局部 Moran's I 所揭示的空间分布特征一致。

香榧主产区土壤 pH 较低,有机质、碱解氮、有效磷和速效钾含量较高,平均分别为 4.91、30.60g/kg、136.77mg/kg、15.02mg/kg、153.42mg/kg。基于半方差函数分析得出,土壤 pH 和养分元素含量属于中等空间相关性,空间变异的尺度范围有所差异但基本相近;其中 pH 的变程最小(为 3.29km),有机质、碱解氮、有效磷和速效钾含量的变程分别为 8.52km、5.84km、8.82km、6.49km。克里格空间插值和局部 Moran's I 指数结果揭示土壤 pH、有机质、碱解氮、有效磷和速效钾均存在明显的空间分布格局和局部空间聚集现象;土壤有机质、碱解氮、有效磷和速效钾含量低值区主要分布在诸暨市和东阳市,高值区主要分布在柯桥区和嵊州市;而 pH 的空间分布格局则与之相反。总体上,浙江省香榧主产区土壤酸化以及养分失衡现象较为严重。

第二节　香榧主产区林地土壤肥力评价

一、香榧主产区林地土壤肥力指标相关性分析

相关性分析是揭示土壤养分元素和环境变量关系的有效方法。如图3-2所示,海拔仅与土壤有机质呈显著的正相关($P<0.01$),而其他地形变量(坡度和坡向)与土壤养分元素的相关性较弱。这一结果表明,地形变量不是影响土壤 pH 和养分的主要因素,这与 Dai 等(2018)的研究结果一致。从图 3-2可知,林龄与土壤 pH 呈显著负相关,与有效磷呈极显著正相关($P<0.01$),与有机质、碱解氮和速效钾呈显著正相关($P<0.05$)。这表明林龄对土壤 pH、有机质和碱解氮含量具有显著影响。

香榧主产区所有的土壤养分元素两两间均呈现显著的相关性($P<0.01$)。其中,土壤 pH 与有机质、碱解氮、有效磷、速效钾含量均呈现显著的负相关关系,说明在一定程度上,土壤酸化会影响土壤养分的供给,过量施肥使林地土壤养分含量提高的同时也会导致土壤酸化。土壤有机质与 pH、

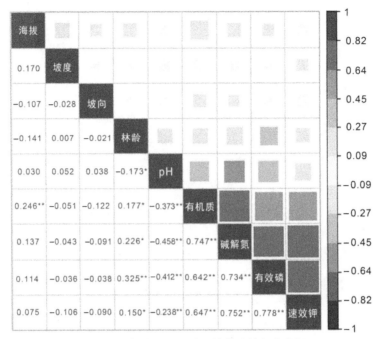

图 3-2　香榧主产区林地土壤养分的相关分析

注：* 表示 $P < 0.01$；** 表示 $P < 0.05$。

碱解氮、有效磷、速效钾含量均呈现显著的正相关关系，其中与碱解氮含量的相关系数（0.747）最高，表明土壤有机质含量与土壤的供氮能力密切相关。张建杰等（2009）进一步研究了土壤氮元素和有机质的空间变异规律，表明土壤氮元素绝大部分来自有机质。而土壤碱解氮、有效磷和速效钾含量的分析结果具有相似性，与 pH 的相关系数相对较低，与其余元素的相关系数相对较高且差异不大。这一结果可能是由于在人为经营条件下，肥料是调控土壤氮、磷、钾三要素有效态水平的主要因素。

二、香榧主产区林龄的影响

不同林龄条件下各地区香榧林地土壤养分含量的差异性如图 3-3 所示。根据各地区林龄实际情况，将林龄分为 0～10 年、10～30 年、30～100 年和 100 年以上。由图 3-3a 可知，土壤 pH 随着林龄的增长有降低的趋势，且林龄 0～10 年和 100 年以上的土壤 pH 差异显著。这表明随着香榧林地种植年限的增长，土壤呈现酸化的趋势。对于土壤肥力而言，土壤的进一步酸化

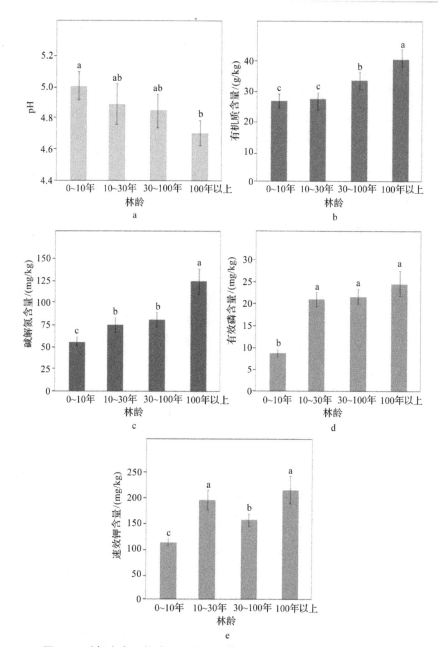

图 3-3　香榧主产区林地不同林龄土壤 pH、有机质和碱解氮含量的变化

注：同指标不同字母表示不同级别之间差异显著。

不利于实现可持续发展的目标。图 3-3b～d 可知，随着林龄的增长，土壤有机质、碱解氮和有效磷含量也在逐渐增加，且林龄 0～10 年的土壤均与 100

年以上的土壤差异显著。随着林地经营年限的增长,立地环境基本稳定,有机质的积累速率逐渐大于分解速率,再加上有机肥的施用等经营措施,使土壤有机质和碱解氮含量逐渐增长;磷元素在土壤中移动性较弱,所以随着林地经营年限的增长,有效磷在土壤中得到了富集。图 3-3e 表明,土壤速效钾含量的变化规律与其他养分不同,没有随经营年限的增长得到明显的累积。钾元素在土壤中的移动性较强,易受水土流失、淋溶流失、径流流失的影响。

三、香榧主产区林地土壤综合肥力评价

土壤综合肥力评价有助于各地区农业管理者、相关研究人员和决策者更加深入地了解区域农业生产管理系统的土壤质量状况。本研究选取 pH、有机质、碱解氮、有效磷和速效钾 5 个指标,通过土壤综合肥力指数法计算土壤肥力。采用隶属度函数并根据每个评价指标的阈值将变量转化为 0.1~1.0 的值(见表 3-1)。通过因子分析法得出各评价指标的公因子方差值和权重值(见表 3-3)。各变量被分配到的权重值差异不大,pH 和有机质分配到的权重较高(0.215 和 0.209),碱解氮、有效磷和速效钾的权重分别是0.185、0.194 和 0.197。

表 3-3　各项肥力指标的公因子方差和权重

指标	pH	有机质含量/(g/kg)	碱解氮含量/(mg/kg)	有效磷含量/(mg/kg)	速效钾含量/(mg/kg)
公因子方差	0.990	0.961	0.848	0.892	0.903
权重	0.215	0.209	0.185	0.194	0.197

根据土壤综合肥力法计算香榧主产区土壤肥力指数(IFI),并通过克里格插值法绘制土壤肥力空间分布图。土壤肥力指数>0.47属于中、高质量,香榧主产区有 61% 地区的土壤肥力属于中、高质量;有 39% 地区的土壤肥力水平相对较低。高肥力土壤主要分布在柯桥区和嵊州市,少数分布在诸暨市东部;低肥力土壤主要分布在诸暨市和东阳市。这表明香榧主产区香榧林地土壤肥力水平总体较高,大多数已达到肥沃水平,少数地区土壤肥力指数较低。根据实地调查,近年来各地区林农大量施用复合肥(N:P:K=15:15:15/17:17:17),以达到提高产量的目的,虽使香榧林地土壤养分得到了明显提升,但一味追求高产量,而不注重成本和肥效不仅会造成肥料浪费、污染环境,还会导致果实质量和产量下降。土壤肥力水平不仅取决于土壤养分和作物吸收能

力,还受各因子协调程度的影响。因此,应根据浙江各地区香榧林地土壤肥力的实际状况,采用测土配方施肥制定施肥结构和用量,以满足实际生产需要,又不污染环境,最终实现浙江香榧产业的可持续发展。

四、小结与讨论

土壤综合肥力评价结果表明,大部分区域的土壤肥力水平较高,诸暨市和东阳市部分地区土壤综合肥力指数较低。总体上,浙江省香榧主产区土壤酸化以及养分失衡现象较为严重,尤其是速效钾含量过高。从相关性分析结果来看,环境变量对香榧林地土壤养分的影响较小,而林龄对土壤 pH 和养分的影响较大。可见,香榧主产区土壤养分受人为活动影响明显。因此,亟需根据实际情况,改善施肥管理方式,调整施肥数量和结构,并开展土壤酸性改良,因地制宜制订区域施肥规划。

为了保障香榧林地的可持续发展,建议采用生石灰、土壤调理剂等进行酸化土壤改良,在施肥过程中采用"稳氮降磷控钾"及测土配方施肥等方式,以调节香榧林地土壤养分,满足香榧不同生长阶段的养分需求。

第四章 不同树龄香榧土壤有机碳特征及其与土壤养分的关系

第一节 不同树龄香榧土壤有机碳特征

土壤有机碳作为一种稳定长效的碳源物质,直接影响植物的生长和繁殖,且在维持土壤物理结构方面也起到了重要作用。因此,土壤有机碳能够直接影响森林生态系统的生产力与稳定性,成为评价土壤肥力的一个重要指标。

土壤有机碳来源于动植物残体的归还以及根系分泌物,其含量受群落的组成和分布、气候、土壤类型、人为干扰等多种因素的影响,然而,群落的组成和分布、群落生物量均会随林龄的变化而产生巨大的变化,进而影响森林生态系统的土壤碳库。土壤活性碳(易氧化碳和轻组有机质)虽然占土壤有机碳的比例较小,但是能够直接或间接地参与土壤养分循环和物质转化,因此可以有效地反映土壤碳库中各组分的转变情况。

目前国内关于香榧土壤的研究多集中于香榧的繁殖栽培、林地养分状况、施肥对香榧生长及果实的影响等方面,而关于集约经营模式下不同树龄香榧土壤有机碳变化规律的相关研究尚不多见。因此,本试验选取集约经营模式下5个不同树龄段的香榧为研究对象,研究其土壤有机碳变化规律,旨在为香榧林的土壤质量评价与持续利用、科学管理提供参考资料,也可为香榧古树的保护与利用提供基础数据。

一、不同树龄香榧各土层土壤有机碳含量变化

不同树龄香榧的土壤有机碳含量呈明显变化(见表 4-1),介于 3.92～

28.61g/kg；随着香榧树龄的增加，各土层土壤有机碳含量先增大后减小，即 300～500 年香榧土壤有机碳含量达到最高呈现降低趋势。方差分析结果表明，0～50 年与 50～100 年香榧土壤有机碳之间差异不显著，100～300 年香榧土壤有机碳含量开始显著提高；500 年以上香榧土壤有机碳含量在 40～60cm 深处的土层显著降低，在 0～20cm 和 20～40cm 深处的土层虽有降低趋势，但不显著。

表 4-1　不同树龄香榧不同土层土壤有机碳含量

单位：g/kg

土层深/cm	树龄				
	0～50 年	50～100 年	100～300 年	300～500 年	500 年以上
0～20	17.57±3.51c	20.6±7.45bc	24.03±5.30ab	28.61±3.23a	27.28±3.83a
20～40	7.76±1.76b	8.44±3.60b	13.18±1.49ab	17.46±6.70a	16.73±7.59a
40～60	3.92±1.58c	4.41±3.21c	10.31±2.26b	14.72±6.66a	9.68±3.04b

注：数据为平均值±标准差；同行不同小写字母表示差异显著。下同。

二、不同树龄香榧土壤活性有机碳含量变化

表 4-2 表明，不同树龄香榧土壤易氧化碳含量介于 0.58～6.48g/kg；各土层土壤易氧化碳含量随树龄的变化趋势相同，即均随树龄的增加呈现先增加后降低的趋势，其中，300～500 年香榧土壤易氧化碳含量最高。此变化趋势虽与土壤有机碳变化趋势保持一致，但各树龄段香榧土壤易氧化碳含量在 0～20cm 和 20～40cm 深土层差异均不显著，仅 300～500 年香榧土壤易氧化碳含量在 40～60cm 深处的土层有显著提高。

表 4-2　不同树龄香榧不同土层土壤易氧化碳含量

单位：g/kg

土层深/cm	树龄				
	0～50 年	50～100 年	100～300 年	300～500 年	500 年以上
0～20	4.29±1.61a	4.43±2.5a	5.64±2.86a	6.48±3.58a	6.42±1.45a
20～40	1.37±0.52b	1.57±0.83ab	2.32±1.10ab	2.73±0.78a	2.52±1.48ab
40～60	0.58±0.27b	0.62±0.37b	1.68±0.86ab	1.89±1.72a	1.26±0.61ab

表 4-3 表明，不同树龄香榧的同一土层土壤的轻组有机质含量均随树龄的增加呈现先增加后低的趋势，在 300～500 年达到峰值。相同土层不同树

龄间土壤轻组有机质含量差异不大;仅在0~20cm深处的土层,300~500年香榧土壤轻组有机质含量提高较为显著,其余各土层的不同树龄香榧之间的轻组有机质含量差异不显著。

表4-3 不同树龄香榧土壤不同土层土壤轻组有机质含量

单位:g/kg

土层 深/cm	树龄				
	0~50年	50~100年	100~300年	300~500年	500年以上
0~20	44.98±4.51b	53.40±11.80ab	57.04±26.74ab	64.54±13.44a	60.57±12.11ab
20~40	29.38±11.36a	30.58±10.29a	38.40±17.42a	39.83±16.04a	38.63±7.16a
40~60	28.25±5.42a	28.54±1.65a	30.56±7.54a	31.68±12.63a	29.33±13.85a

三、土壤活性有机碳占土壤有机碳的比例

香榧土壤易氧化碳占土壤有机碳的比例为11.73%~25.93%。在0~20cm深处的土层,不同树龄香榧土壤易氧化碳占土壤有机碳的比例没有明显的规律;在20~40cm和40~60cm深处的土层,变化规律相同,均是50~100年香榧土壤易氧化碳占土壤有机碳的比例最大,500年以上香榧土壤易氧化碳占土壤有机碳的比例最小;同一土层不同树龄香榧的土壤易氧化碳含量占土壤有机碳的比例差异不显著。各树龄段香榧土壤易氧化碳占土壤有机碳的比例均随土层的加深而减小,其中,500年以上香榧土壤易氧化碳占土壤有机碳的比例减小幅度最大(见图4-1)。

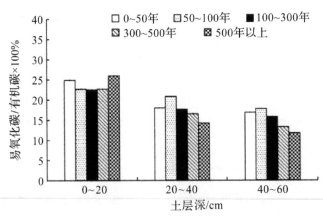

图4-1 不同树龄香榧0~60cm深处的土层土壤易氧化碳占土壤有机碳的比例

四、土壤有机碳含量与土壤活性有机碳含量的相关分析

5种树龄香榧土壤各活性有机碳成分含量与土壤有机碳含量的相关性均达到极显著水平（$P<0.01$），但是相关性在不同树龄香榧之间的变化规律并不明显（见图4-2）。

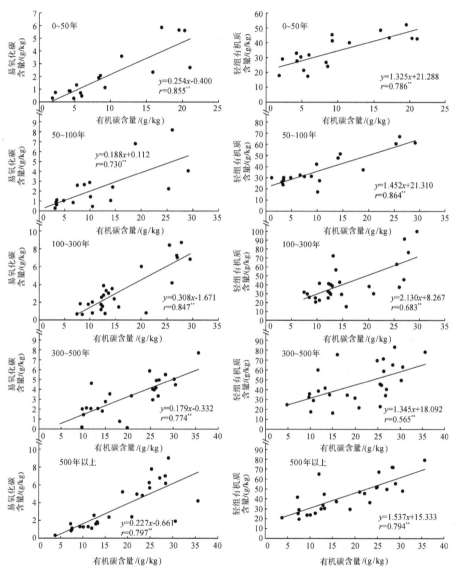

图4-2　不同树龄香榧不同土层土壤各活性有机碳含量与土壤有机碳含量的相关关系

注：**表示$P<0.01$。

五、小结与讨论

(一)树龄对土壤有机碳的影响

森林土壤有机碳主要来自于地表植被凋落物和根系的归还,而凋落物量主要受到林分生物量、林龄和气候变化影响。此外,大量研究结果表明林分生物量随林龄、胸径的增加而增加董点等(2014)研究发现紫椴(*Tilia amurensis*)各器官平均生物量随着胸径的增加而增加;高杰等(2016)研究发现油松(*Pinus tabuliformis*)林随林龄的增加,乔木层各器官生物量呈上升趋势;朱江等(2016)表明华北落叶松(*Larix principis-rupprechtii*)的器官生物量与植物的胸径、树高、树龄和树冠长度呈指数关系;陈东升等(2016)调查研究发现日本落叶松(*Larix kaempferi*)人工林随林龄的增加,林分总生物量、碳储量和养分储量随林龄的增加呈增大趋势。本研究中,各土层土壤有机碳含量随着香榧树龄的增加呈现先逐渐增大然后有所减小的趋势。这是因为随着香榧树龄和胸径的增长,地上生物量逐渐累积增多,每年的凋落物数量也随之增加,从而土壤有机碳得到逐步提高。另外,植物根系的周转和分解也是增加土壤有机碳的重要途径,而植物的根系生物量与林龄也有着密切的关系:刘波等(2008)研究发现细根生物量随林龄增长而有所增加;匡冬姣等(2013)研究结果表明杉木(*Cunninghamia lanceolata*)人工林0~60cm深土层内细根生物量随林龄增大先增加后减小;韩畅等(2017)发现杉木、马尾松(*Pinus massoniana*)随林龄的增加,各林龄阶段根系总生物量呈增加趋势。因此,随着香榧树龄的增长,其根系生物量也逐渐增加,从而土壤有机碳含量也逐渐上升。但是,本研究中当香榧树龄超过500年,土壤有机碳含量稍有下降,这可能是因为500年以上的香榧生长势下降,枝叶老化,枝干生物量较300~500年香榧稍有减少而导致的。本研究结果与谢涛等(2012)对苏北沿海不同林龄杨树林土壤活性有机碳的研究结果一致。

(二)树龄对土壤活性有机碳的影响

一般认为,土壤活性有机碳不稳定,易氧化,移动性高,在一定环境条件下可转变为动植物或微生物生命活动所需的有机碳。土壤易氧化碳是活性有机碳的重要组成部分,其含量受到地表凋落物分解和土地管理方式的影响。轻组有机质同样也是活性有机碳的重要组成部分。表层土壤轻组有机质主要来源于植被凋落物;深层土壤的轻组有机质主要来源于植物地下根系代谢残体、根系分泌物以及死亡微生物等,其含量受到微生物分解、气候变化和土壤物理结构的影响。而凋落物的分解速率又受到气候条件、坡相位置、凋落物量等各种因素的影响,林龄作为林分构成的重要指标,对凋落物分解也会产生重要影响。本研究中,土壤易氧化碳和轻组有机质含量均随香榧树龄的增加呈现先增加后减小的趋势,但差异不明显。由于5种树龄香榧所处环境和经营管理方式大致相同,因而树龄成为其活性有机碳分布格局的主要限制因素。随着树龄的增加,香榧生物量、地上生物量和地下生物量不断增加,通过凋落物和根系分泌物归还到土壤的数量也逐渐增加;此外,由于土壤活性有机碳组分含量在很大程度上取决于土壤有机碳含量,所以本研究中易氧化碳和轻组有机质含量的变化趋势与土壤有机碳含量保持一致。

土壤易氧化碳占土壤有机碳的比例越高,说明土壤有机碳的活性越大,养分循环越快,稳定性越差。本研究中,不同树龄香榧土壤易氧化碳占土壤有机碳的比例在 0~20cm 深处的土层没有明显规律,20~40cm 和 40~60cm 深处的土层易氧化碳所占比例从大到小依次为:50~100 年＞0~50 年＞100~300 年＞300~500 年＞500 年以上。在 20~40cm 和 40~60cm 深处的两个土层,50~100 年的香榧土壤易氧化碳占土壤有机碳的比例最高,说明此树龄段香榧处于生长的旺盛时期,养分循环最快,有机碳稳定性较差;之后,随着树龄的增加,易氧化碳所占比例逐渐减少,土壤碳库越来越稳定,说明随着香榧的逐渐成熟,土壤对有机碳的持留和储存能力逐渐增强。

本研究中,5种树龄香榧土壤易氧化碳和轻组有机质含量与土壤有机碳含量之间的相关性均达到极显著水平($P<0.01$)。这说明土壤各活性有机碳虽然在形态和测定方法上有所差异,但分别从不同角度表征了土壤碳平衡状况,并且它们的变化受到土壤有机碳含量的制约。

第二节　天然次生林改造成香榧林对土壤活性有机碳的影响

一、不同林分类型土壤有机碳库的比较

由表4-4可知,天然次生林 0~60cm 深处的各层土壤有机碳含量均高于香榧林,增幅分别为 37.3%、85.6% 和 102.0%,差异均达到显著水平($P<$

0.05),其中20～40cm和40～60cm深处的土层差异达到极显著水平($P<$ 0.01)。次生林改造成香榧林后,0～20cm深处的土层土壤易氧化碳含量增加了56.6%;20～40cm和40～60cm深处的土层土壤易氧化碳含量均有所降低,变化幅度为35.4%和29.3%。与次生林相比,香榧林地土壤轻组有机质含量发生了明显的改变,0～20cm深处的土层土壤轻组有机质含量增加了31.5%,但差异不显著;20～40cm和40～60cm深处的土层土壤轻组有机质含量分别增加了155.5%和184.8%,差异均显著($P<0.05$)。

表 4-4　不同林分土壤有机碳含量

土层深/ cm	有机碳含量/(g/kg)		易氧化碳含量/(g/kg)		轻组有机质含量/(g/kg)	
	香榧林	次生林	香榧林	次生林	香榧林	次生林
0～20	17.57± 3.51Aa	24.13± 3.45Ba	4.29± 1.61Aa	2.74± 0.89Aa	44.98± 4.51Aa	34.21± 16.05Aa
20～40	7.76± 1.76Ab	14.40± 2.61Bb	1.37± 0.52Ab	2.12± 0.49Aa	29.3± 11.36Ab	11.50± 1.27Bb
40～60	3.92± 1.58Ac	7.92± 1.15Bc	0.58± 0.27Ab	0.8± 0.14Ab	28.25± 5.42Ab	9.92± 1.87Bb

注:数据为平均值±标准差($n=5$);不同大写字母表示同一土层不同林分差异显著;不同小写字母表示同一林分不同土层差异显著。

土壤剖面特征显示,两种林地的土壤有机碳、易氧化碳、轻组有机质含量均随土层深度的增加而下降,其中,香榧林20～40cm和40～60cm深处的土层有机碳含量分别下降了55.8%和49.5%,次生林20～40cm和40～60cm深处的土层有机碳含量分别下降了40.3%和45.0%,两种林地各层土壤均达到极显著性差异($P<0.01$);香榧林的易氧化碳含量在20～40cm深处的土层下降幅度最大,降幅为68.1%,次生林的易氧化碳含量在40～60cm深处的土层显著降低,降幅为61.3%;香榧林和次生林的轻组有机质含量均在20～40cm深处的土层显著下降,降幅分别为34.7%和66.4%。

二、不同林分类型土壤碳素有效率及碳库活度的差异

由表4-5可知,香榧林0～20cm深处的土层土壤易氧化碳碳素有效率与碳库活度较次生林高123.2%和169.2%,达到显著性差异($P<0.05$)。随着土层加深,两种林分易氧化碳碳素有效率均有规律地下降;香榧林的碳库活度整体也呈现下降趋势,而次生林的碳库活度在20～40cm深处的土层最高。

表 4-5　不同林分土壤活性碳碳素有效率及碳库活度

土层深/m	土壤易氧化碳碳素有效率		碳库活度	
	香榧林	次生林	香榧林	次生林
0～20	24.87±0.09A	11.14±0.02B	0.35±0.15A	0.13±0.03B
20～40	17.99±0.07A	14.99±0.04A	0.23±0.10A	0.18±0.06A
40～60	16.85±0.10A	10.50±0.02A	0.22±0.15A	0.12±0.03A

注:数据为平均值±标准差;不同大写字母表示同一土层不同林分差异显著。

三、土壤有机碳和土壤养分间的相关分析

对土壤有机碳含量和土壤养分含量进行相关分析,从结果可以看出(见表 4-6),土壤有机碳、易氧化碳、轻组有机质含量与全氮、碱解氮含量之间的相关性均达到极显著水平($P<0.01$);有机碳含量与速效钾、有效磷、交换性钙、交换性镁含量之间的相关性较差;易氧化碳含量与有效磷含量达到极显著相关($P<0.01$),与交换性钙、交换性镁含量显著相关($P<0.05$);轻组有机质含量与速效钾、有效磷、交换性钙、交换性镁含量之间的相关性均达到极显著水平($P<0.01$)。

表 4-6　土壤有机碳含量与土壤养分含量的相关性

指标	有机碳	易氧化碳	轻组有机质	全氮	碱解氮	速效钾	有效磷	交换性钙	交换性镁
有机碳	1.000								
易氧化碳	0.730**	1.000							
轻组有机质	0.416*	0.551**	1.000						
全氮	0.885**	0.829**	0.639**	1.000					
碱解氮	0.806**	0.816**	0.688**	0.979**	1.000				
速效钾	0.087	0.335	0.531**	0.408*	0.543**	1.000			
有效磷	0.166	0.503**	0.640**	0.527**	0.651**	0.679**	1.000		
交换性钙	0.084	0.470*	0.551**	0.430*	0.548**	0.632**	0.913**	1.000	
交换性镁	0.074	0.403*	0.664**	0.446*	0.581**	0.903**	0.794**	0.753**	1.000

注:**表示 $P<0.01$;*表示 $P<0.05$。

四、小结与讨论

次生林土壤有机碳含量高于香榧林,增加幅度随土层的加深而加大。这是因为次生林林分郁闭度较高,并且林下植被丰富,故凋落物和根系分泌物较多,而香榧林长期进行人工抚育清除树下灌木草本,能够回归到土壤中的凋落物数量有限,虽然香榧林的集约经营向土壤中输送了大量的有机肥,但翻耕地表易促进土壤有机质的分解与转化(马少杰,等,2011)。本研究结果与 Fernández-Romero 等(2014)和殷有等(2018)的研究结果一致,说明天然次生林更有利于土壤有机碳的积累。

土壤易氧化碳是土壤微生物活动的重要能源,可直接向作物提供养分,能更好地反映土壤有机碳的有效性。本研究中,香榧林表层土壤易氧化碳含量高于次生林,与肖鹏等(2012)研究结果一致,这可能是因为香榧林地表撒施有机肥和复合肥,并且翻耕地表土壤,使得肥料与土壤充分接触,加速了肥料的分解利用(柳敏,等,2006),从而促进了土壤表层活性有机碳含量的增加,使得表层土壤易氧化碳含量提升。

土壤轻组有机质主要由未完全分解的植物残体和微生物残体组成(谢锦升,等,2008),具有较高的潜在生物学活性,作为土壤中不稳定碳库的重要组成部分,其含量变化可以作为表征土壤肥力变化的指标(刘荣杰,等,2012)。本研究中,香榧林地表撒施大量有机肥(牲畜粪便与稻草的混合物)大大增加了轻组有机质的来源,从而使得香榧林地土壤轻组有机质含量明显高于次生林,与 Nahrawi 等(2012)的研究结果一致。但也有研究表明,天然次生林土壤的易氧化碳和轻组有机质含量高于人工林(盛浩,等,2015),不同地区的结果差异说明土壤活性有机碳对土地利用变化的响应存在一定的不确定性和区域差异(孙伟军,等,2013)。另外,采样季节的不同也可能造成研究结果的差异。如杨玲等(2013)对新疆干旱区绿洲棉田的研究结果表明,土壤有机碳含量在棉花播种前较低,在花铃期有所增加,至收获期达到最大值;而土壤易氧化碳含量在棉花播种前较低,在花铃期达到最大值,在收获期明显降低。本研究中,虽然土壤易氧化碳、轻组有机质与土壤有机碳含量呈现显著或极显著相关,但它们的含量在两种林分中的分布规律与土壤有机碳含量表现不一致,主要是因为活性有机碳含量除依赖有机碳含量外,还取决于林地自身微环境,包括凋落物量、根系状况及土壤理化性质等,并且容易受林地管理措施的影响(朱丽琴,2017)。本研究中,两种林分的有机碳、易氧化碳和轻组有机质含量的剖面特征相似,均随土层深度的增加呈下降趋势;但香榧林地土壤易氧化碳含量的剖面特征不同于土壤有机碳含量,在40～60cm深处的土层下降最为显著,可见人为经营对香榧林地土壤易氧化碳含量的剖面特征具有一定影响。

土壤易氧化碳占土壤有机碳的比例可以表征土壤有机碳的稳定性,反映土壤质量;土壤碳库活度可以指示活性有机碳的活跃程度;两者数值越大,说明土壤有机碳活性越强,越容易被分解(徐明岗,等,2006;林宝珠,王琼,2013)。本研究中,香榧林易氧化碳碳素有效率和碳库活度均高于次生林,且均在表层土壤差异显著,说明天然次生林转变为香榧林后土壤有机碳的稳定性降低,原因可能是香榧树下地表翻耕,使得表层土壤通气状况良好,从而提高了土壤中的微生物活性,加速了活性碳的氧化过程,提高了易氧化碳的含量(杨玲,等,2013)。

本研究中,土壤有机碳含量与易氧化碳和轻组有机质含量之间呈显著的正相关关系,因此,易氧化碳和轻组有机质可以准确反映土壤碳的供应变化情况(曹丽花,等,2011);三者与全氮、碱解氮之间的相关性均高于与其他土壤养分的相关性,说明氮元素与土壤有机碳的关系更为密切。速效钾、有效磷、交换性钙、交换性镁含量与易氧化碳、轻组有机质含量之间的相关性均达到显著或极显著水平,而与土壤有机碳含量之间的相关性较差,与于荣(2001)的研究结果一致,进一步证明活性有机碳在指示土壤肥力变化时比有机碳更灵敏,更能反映土壤化学性质与潜在生产力。

综上所述,天然次生林改造成香榧林对土壤有机碳的影响是双面的:一方面,天然次生林改造成香榧林后,由于长期施肥和翻耕,土壤矿化作用加强,不利于土壤有机碳的积累;另一方面,与天然林相比,由于香榧林施肥和土壤表层翻耕,土壤活性有机碳含量提高,降低了土壤活性碳的稳定性。因此,为促进香榧林的可持续经营,建议今后在香榧林的人为管理方面,采用免耕、保留林下植被以及合理有效施肥等方式以提升香榧林地土壤的有机碳储量。

第三节　土壤有机碳与土壤养分的关系

一、不同树龄香榧土壤有机碳与土壤养分的关系

从表4-7可见,各树龄段香榧土壤有机碳和活性有机碳含量与全氮含量

之间的相关性均达到极显著水平（$P<0.01$）；除 $0\sim50$ 年外，与碱解氮含量之间的相关性达到显著水平（$P<0.05$）或极显著水平（$P<0.01$）；与速效钾含量之间的相关性只有 500 年以上的香榧土壤达到极显著水平（$P<0.01$）；除 $100\sim300$ 年的香榧土壤活性有机碳含量外，其余各树龄段的土壤有机碳和活性有机碳含量与有效磷含量之间的相关性都达到显著水平（$P<0.05$）或极显著水平（$P<0.01$）；$0\sim50$ 年、$50\sim100$ 年和 500 年以上的香榧土壤有机碳和活性有机碳含量与交换性钙、交换性镁含量之间达到显著相关（$P<0.05$）或极显著相关（$P<0.01$）。

表 4-7　不同树龄香榧土壤有机碳与土壤养分的相关性

树龄	土壤养分	有机碳	易氧化碳	轻组有机质
$0\sim50$ 年	全氮	0.989**	0.821**	0.812**
	碱解氮	0.250	0.220	0.060
	速效钾	0.420	0.120	0.300
	速效磷	0.812**	0.678**	0.588*
	交换性钙	0.679**	0.640**	0.390
	交换性镁	0.557*	0.210	0.280
$50\sim100$ 年	全氮	0.974**	0.697**	0.880**
	碱解氮	0.978**	0.730**	0.916**
	速效钾	0.450	0.170	0.533*
	速效磷	0.752**	0.534*	0.777**
	交换性钙	0.944**	0.820**	0.876**
	交换性镁	0.776**	0.567*	0.811**
$100\sim300$ 年	全氮	0.985**	0.814**	0.627**
	碱解氮	0.391*	0.251	0.146
	速效钾	0.198	0.194	0.152
	速效磷	0.573**	0.212	0.127
	交换性钙	0.296	0.091	0.177
	交换性镁	0.214	0.178	0.284

树龄	土壤养分	有机碳	易氧化碳	轻组有机质
300～500年	全氮	0.913**	0.596**	0.619**
	碱解氮	0.902**	0.595**	0.675**
	速效钾	0.063	0.426*	0.322
	速效磷	0.587**	0.463*	0.473*
	交换性钙	0.338	0.261	0.328
	交换性镁	0.357	0.329	0.302
500年以上	全氮	0.866**	0.885**	0.785**
	碱解氮	0.867**	0.863**	0.767**
	速效钾	0.664**	0.801**	0.555**
	速效镁	0.715**	0.784**	0.680**
	交换性钙	0.681**	0.749**	0.562**
	交换性镁 Mg	0.617**	0.829**	0.489**

注：** 表示 $P<0.01$；* 表示 $P<0.05$。

二、小结与讨论

不同树龄香榧土壤有机碳含量与土壤养分含量之间的相关性分析表明,各树龄段香榧土壤有机碳和各活性有机碳与全氮之间的相关性均达到极显著水平($P<0.01$);除 0～50 年香榧外,其余各树龄段香榧土壤有机碳和各活性有机碳与碱解氮达到显著($P<0.05$)或极显著相关($P<0.01$),这主要是因为氮元素含量与土壤有机碳含量密切相关,因而与土壤有机碳有着密切相关关系的活性有机碳,也与土壤全氮和碱解氮具有一定的相关性。此外,龚伟等(2008)指出土壤有机碳的活性对土壤肥力具有一定的指示作用,因而各树龄段香榧土壤有机碳、各活性有机碳与有效磷之间的相关性较好。除 500 年以上的香榧外,其余各树龄段香榧的土壤有机碳、各活性有机碳组分与速效钾、交换性钙、交换性镁之间的相关性均较差,可能是因为速效钾受土壤质地、地形的影响较大,并且钾离子移动性较强,在土壤中分布较为均匀,而交换性钙、交换性镁与速效钾之间又存在密切的相关关系。500 年以上的香榧土壤有机碳、各活性有机碳组分与土壤养分之间的相关性均达到了极显著水平($P<0.01$),这可能是因为香榧越成熟,抵抗土壤被侵

蚀的能力越强,越可有效阻止土壤表层养分的流失。

总之,随香榧树龄的增长,0~60cm深处的各土层有机碳、易氧化碳、轻组有机质含量先增加后减小,易氧化碳占有机碳的比例逐渐降低。因此,在今后香榧的经营管理过程中,应注意加强对幼年及壮年时期香榧的土壤的改良,通过合理施肥、翻耕等措施改善林地的水热、养分因子和土壤结构,增强土壤碳库的稳定性。

第五章　不同林龄香榧叶片与土壤碳、氮、磷生态化学计量特征

第一节　香榧幼林叶片与土壤碳、氮、磷生态化学计量特征

生态化学计量学是主要研究碳（C）、氮（N）、磷（P）等营养元素平衡的学科，体现了植物与土壤中养分的平衡与耦合。叶片 C、N、P 含量及化学计量比可以揭示植物的养分限制、需求和利用状况。土壤是植物生长的载体，其化学计量比可以通过土壤理化性质、土壤养分有效性等影响植物叶片的化学计量特征。植物叶片和土壤的生态化学计量特征随着时间的变化而变化，不同年龄、不同生长阶段间均具有独特的一定的差异性和特殊。近年来，研究人员针对油茶、杨梅、山核桃等我国南方经济林树种的生态化学计量特征进行了一定的研究：随着林龄增加，油茶叶片 N、P 含量降低，土壤 C、N 含量增大，叶片和土壤碳氮比（C/N）、碳磷比（C/P）和氮磷比（N/P）增加，而枝条 N、P 含量逐渐增大；随着杨梅林龄的增大，叶片 P 含量下降、C/P 增大，而土壤 C、N、P 含量先降低而后升高，茎中 N 含量逐年增高，根中 N、P 含量下降；山核桃叶片 C、N、P 含量及化学计量比在不同时间、不同样地间具有显著性差异。然而对于不同林龄香榧叶片与土壤的 C、N、P 生态化学计量的研究还未见报道。

因此，本实验以 2 年、5 年、7 年、12 年生香榧幼林为对象，分别采集叶片和土壤样品，分析 C、N、P 含量并计算其化学计量比，以期为香榧幼林的土壤养分管理提供参考。

一、不同林龄香榧叶片碳、氮、磷含量及化学计量比

如图 5-1 所示，香榧叶片 C 含量 474.2～492.3g/kg，不同林龄间的差异并不显著；叶片 N 含量介于 21.3～26.2g/kg，随着林龄的增大而下降，2 年生的显著高于 7 年生和 12 年生的（$P<0.05$）；叶片 P 含量（2.1～2.4g/kg）在不同林龄间没有显著性差异。

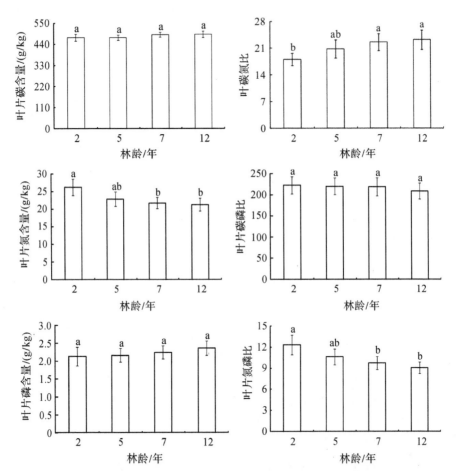

图 5-1 香榧叶片 C、N、P 含量及化学计量比特征随林龄的变化

注：不同小写字母表示不同位点间差异显著。下同。

香榧叶片 C/N 介于 18.1～23.2g/kg，随着林龄的增大先升高后保持相对稳定，2 年生的显著低于 7 年生和 12 年生的（$P<0.05$）；叶片 C/P 介于 208.6～222.6g/kg，不同林龄间没有显著性差异；叶片 N/P 随着林龄的增加

而降低,2年生的显著高于7年生和12年生的($P<0.05$)。

二、不同林龄香榧土壤碳、氮、磷含量及化学计量比

从图5-2可知,随着林龄的增长,土壤C含量先下降后升高,0～10cm深土层土壤C含量表现为12年生的显著高于其他林龄的($P<0.05$);而10～30cm深土层土壤C含量则表现为12年生的显著高于2年、5年生的($P<0.05$)。土壤N含量随着林龄增大先降低后略有升高,不同林龄间没有显著性差异;土壤P含量则随着林龄增加而增高,其中12年生的显著高于2年生的($P<0.05$)。

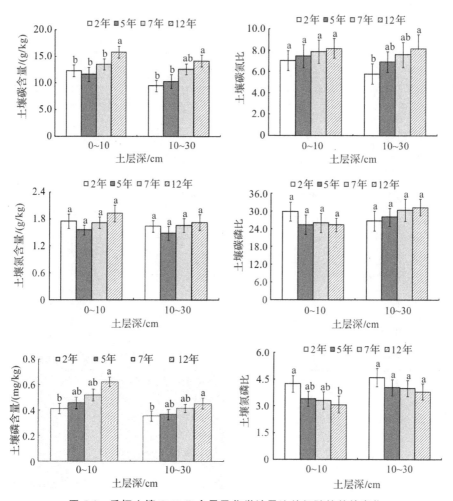

图5-2　香榧土壤C、N、P含量及化学计量比特征随林龄的变化

三、香榧叶片与土壤的碳、氮、磷含量及化学计量比的相关分析

由表 5-1 可知,香榧叶片 C 含量与 10～30cm 深土层的土壤 C 含量、P 含量、C/P 呈显著正相关($P<0.05$),叶片 N 含量与土壤 N/P 的相关性达显著水平,叶片 P 含量与土壤 C 含量、P 含量呈显著正相关($P<0.05$)。叶片 C/N 与土壤 C/N 有显著正相关,而与土壤 N/P 有显著负相关($P<0.05$);叶片 C/P 与 0～10cm 深土层的土壤 P 含量有显著负相关;叶片 N/P 与土壤 N/P 有显著正相关,而与土壤 C/N 有显著负相关($P<0.05$)。

表 5-1　叶片与土壤 C、N、P 含量及化学计量比的相关系数

土层深	叶片	土壤					
		碳含量	氮含量	磷含量	碳氮比	碳磷比	氮磷比
0～10cm	碳含量	0.3912	−0.2615	0.5020*	0.3717	−0.4925	−0.2741
	氮含量	−0.3615	−0.1245	0.3772	0.1378	−0.2754	−0.1408
	磷含量	0.4154	−0.2841	0.5212*	0.3898	−0.5097*	−0.4922
	碳氮比	0.3940	−0.3936	0.4509	0.5248*	−0.3895	−0.4982*
	碳磷比	−0.3561	0.3936	−0.3612	−0.3873	0.2610	0.3881
	氮磷比	−0.2756	0.4992*	−0.3788	−0.5397*	0.2756	0.5197*
10～30cm	碳含量	0.4974*	−0.3859	0.5982*	0.4924	−0.4910	−0.4932
	氮含量	0.2746	−0.1238	0.3710	0.1383	−0.3618	−0.1386
	磷含量	0.4986*	−0.3829	0.5989*	0.4901	−0.3924	−0.3911
	碳氮比	0.3901	−0.4519	0.4207	0.5307*	−0.2866	−0.5500*
	碳磷比	0.5097*	−0.4918	0.4947	0.4527	−0.2858	−0.4596
	氮磷比	−0.2762	0.5299*	−0.4806	−0.5097*	0.2781	0.5398*

注:* 表示 $P<0.05$。

四、小结与讨论

(一)香榧叶片 C、N、P 含量及化学计量特征

本研究中,香榧叶片 C 含量随林龄增加无显著变化,其平均值为 482.83g/kg,与 492 种陆生植物叶片的平均值(464.0g/kg±32.1g/kg)相

似。本研究结果表明不同林龄香榧叶片 N、P 含量平均值为 23.02g/kg、2.22g/kg，叶片 N、P 含量高于刘萌萌等（2014）研究结果，而与黄增冠等（2015）结果相似。叶片 N 含量随着林龄的增大而下降（见图 5-1），其中 2 年生香榧叶片 N 含量显著高于 7 年生和 12 年生的，主要是 2 年生香榧生长速率较快，合成蛋白质过程中需要大量氮元素。不同林龄叶片 N 含量的变化直接影响叶片 C/N、N/P 在林龄间的差异。

叶片 C/N 表示植物吸收营养所能同化 C 的能力，可反映植物对氮元素的利用效率。由图 5-1 可知，香榧叶片 C/N 介于 18.1～23.2，低于 300 年的香榧叶片。随着林龄增大，叶片 C/N 逐渐升高，其中以 2 年生香榧叶片 C/N 为最低，这与生长率假说相符，即植物体内 C/N 与生长速率呈负相关。

叶片 N/P 可作为植物营养元素限制判断指标：当 N/P＜14 时，植物生长主要受 N 的限制；当 N/P＞16 时，植物生长主要受 P 的限制。不同林龄香榧叶片 N/P 介于 9.0～12.3，均小于 14，说明香榧幼林生长受到 N 的限制。叶片 N/P 随着林龄的增加而下降，说明香榧生长受 N 的限制随着林龄的增大而更加明显。因此，在土壤管理过程中，可以适当增施氮肥，促进香榧更好地生长。

（二）香榧土壤 C、N、P 含量及化学计量特征

香榧土壤 C、N、P 含量随着土层深度的增加而减小，这与油茶、杨梅等林地的变化规律一致。随着林龄的增大，土壤 C、N 含量表现为先降低后升高，而土壤 P 含量则持续增加，林龄为 12 年的土壤 C、N、P 含量均为最高。土壤中的 C、N、P 主要来自凋落物和根系周转产生的碎屑，同时人为施肥也是土壤 N、P 的重要来源。香榧林在杉木采伐迹地上进行人工造林所形成的，部分采伐剩余物保留在香榧林中，2 年生香榧土壤 C、N、P 含量相对较高。这与 3 年生杨梅林有较高的土壤 C、N 含量的研究结果相似。当原有枯落物等有机质大量分解，5 年生香榧林地土壤 C、N 含量下降到最低。随着香榧林龄的增大，凋落物、植物根系分解产生的 C 元素进入土壤和人为施肥措施的实施，使土壤 C、N 含量得以增高，这与杨梅林土壤 C、N 的变化规律一致。P 元素能与土壤胶体紧密结合，香榧幼林每年施用有机肥和化肥，土壤 P 含量随着林龄的增大而不断增大，表现为 12 年生的土壤 P 含量显著高于 2 年生的。

土壤 C/N＞25 时，土壤 C 的积累速率大于分解速率。香榧幼林 0～

10cm、10～30cm 深土层土壤 C/N 介于 7.03～8.19、5.79～8.21,低于中国和世界土壤 C/N 的平均值(分别为 11.90 和 13.33),这说明在经营过程中人为干扰强烈,不利于土壤有机 C 的积累。土壤 C/P 可以表征土壤 P 的有效性,C/P 越小,土壤中 P 的有效性越高。土壤 C/P＜200 时,表示养分的净矿化。0～10cm、10～30cm 深土层的香榧幼林 C/P 的变化范围分别为 25.32～29.82、26.69～31.28,明显低于中国的平均水平(136),说明香榧土壤 P 的有效性较高,表现为 P 的净矿化。土壤 N/P 是 N 饱和的诊断指标之一,0～10cm、10～30cm 深土层的香榧幼林 N/P 的变化范围分别为 3.09～4.24、3.81～4.61,均低于中国土壤 N/P 的平均值(8.2)。随着林龄的增长,土壤 N/P 呈下降趋势,说明土壤可利用性 N 元素减少,这也进一步说明香榧林地土壤 N 元素供应不足,需进一步补充,以增加土壤肥力。

（三）香榧叶片和土壤 C、N、P 含量及化学计量比的相关关系

植被-土壤生态系统中,C、N、P 元素是在植物和土壤间相互循环和转换的。植物 C/N、C/P、N/P 反映了植物对 N、P 的利用效率和凋落物分解质量,在一定程度上也反映了土壤 N、P 的供应水平。土壤为植物生长提供固持作用和矿质来源,而叶片固定空气中的 CO_2,凋落后,将 C、N、P 等养分归还土壤,因此叶片与土壤 C、N、P 化学计量比之间具有一定的相关性。从表5-1 可知,土壤 C、P 含量与叶片 P 含量间有显著正相关,这与油茶土壤 C 含量与叶片 P 含量有显著正相关、与华北落叶松土壤 P 含量与叶片 P 含量有显著正相关的研究结果一致。这主要是因为高土壤 C、P 含量可为香榧生长提供良好的环境,促进香榧的生长和 P 在叶片中的积累。香榧林地土壤 N/P 与叶片 N/P 间有显著正相关,这与甘草叶片与土壤 N/P 间的正相关关系达显著水平的研究结果一致。

本研究初步揭示了香榧叶片与土壤 C、N、P 含量及生态化学计量关系。凋落物和土壤微生物是土壤和植物间物质循环、交换的重要部分,因此,后期还需进一步开展凋落物、土壤微生物间的生态化学计量特征究。

第二节　不同林龄香榧林生态系统碳储量初步研究

本试验在临安香榧产区板桥镇,选择 2 年、4 年、7 年、12 年生香榧林为对象,较系统地研究了不同林龄香榧叶、枝干、根系和土壤的碳密度及碳储量的变化,探究不同林龄香榧林生态系统的碳密度和碳储量。

一、香榧不同器官碳密度及碳储量

香榧不同器官碳密度如表5-2所示。从表5-2中可知,香榧不同器官碳密度变化范围为428.3~492.3g/kg。香榧不同器官按碳密度高低排列,依次为叶片＞枝条＞根系。叶、枝、根系碳密度随着林龄的增加而略有增加,但不同林龄间并没有显著性差异(见表5-2)。

表5-2　香榧不同器官碳密度

单位:g/kg

林龄/年	叶片	枝干	根系
2	474.2±18.1a	470.5±17.2a	428.3±21.2a
5	475.1±13.4a	472.4±14.3a	443.4±11.6a
7	489.7±12.7a	482.2±17.0a	450.7±13.9a
12	492.3±16.9a	484.7±16.5a	459.6±24.4a
平均	482.8	477.5	445.5

注:不同小写字母表示不同位点间差异显著。下同。

香榧不同器官碳储量在各器官中的平均占比依次为根系(34.8%)＞枝干(34.7%)＞叶片(30.5%),不同器官间分配较均匀(见表5-3)。

表5-3　香榧不同器官碳储量

单位:kg/hm²

林龄/年	叶片	枝干	根系	合计
2	8.10(22.1%)	11.78(32.3%)	16.71(45.7%)	36.59
5	51.02(26.7%)	66.84(35.1%)	72.70(38.2%)	190.56
7	87.76(28.1%)	114.60(36.8%)	109.55(35.1%)	311.91
12	206.43(33.3%)	209.65(33.7%)	204.66(33.0%)	620.74
占比	30.5%	34.7%	34.8%	/

注:括号中的数值表示不同器官生物量储量占整个乔木层的百分比。

二、香榧林下草本层及土壤碳密度

表5-4列出了林下草本层、枯落物层及土层碳密度。从表中可知,土层

碳密度随着林龄的增大而增加,其中 12 年生香榧林 0～10cm、10～30cm 深土层土壤碳密度显著高于 2 年、5 年生的,7 年生 10～30cm 深土层土壤的碳密度也高于 2 年生的。

表 5-4　林下植被及土层碳密度

单位:g/kg

林龄/年	草本层	枯落物层	土层	
			0～10cm	10～30cm
2			12.3±1.2b	9.5±1.1c
3	469.4±15.4	411.2±14.1	11.6±1.4b	10.3±1.2 bc
7			13.5±1.6 ab	12.6±1.4 ab
12			15.8±1.7a	14.2±1.6a

注:草本层和枯落物层样本数各为 16 个,土层样本数各为 4 个。

三、不同林龄香榧林生态系统中碳储量的空间分布

随着林龄的增大,香榧林乔木层碳储量显著增大,草本层碳储量略有减小,枯落物层碳储量则保持相对稳定,土层碳储量也明显增大(见表 5-5)。

表 5-5　不同林龄香榧林生态系统中碳储量的空间分布

单位:kg/hm²

林龄/年	乔木层	草本层	枯落物层	土层			合计
				0～10cm	10～30cm	小计	
2	36.6d	1009.2a	801.8a	13776.0c	23750.0c	37526.0c	39373.6
5	190.6c	929.4a	873.8a	15594.0b	26162.0c	41756.0c	43749.8
7	311.9b	877.8 ab	929.3a	16779.0b	31752.0b	48531.0b	50650.0
12	620.7a	793.3b	1089.68a	20664.0a	36636.0a	57300.0a	59803.7

从表 5-6 可以看出,随着林龄的增大,香榧林生态系统中乔木层碳储量占比明显升高,草本层、枯落物层、土层碳储量占比则呈现下降趋势,而且不同林龄土层占整个生态系统碳储量的 95.3%～95.9%。

表 5-6　不同林龄香榧林各层碳储量占比(%)

林龄/年	乔木层	草本层	枯落物层	土层	合计
2	0.1	2.6	2.0	95.3	100.0
5	0.4	2.1	2.0	95.4	100.0
7	0.6	1.7	1.8	95.8	100.0
12	1.0	1.3	1.8	95.9	100.0

四、香榧林生物量碳年固定量的推算

不同林龄香榧林生物量碳的储量变化如图 5-3 所示。从图中可知,香榧林生物量碳年平均固定量为 58.85kg/hm²,生物量碳储量、总碳储量与林龄间呈线性相关,达极显著水平($P<0.01$)(见图 5-3、图 5-4)。

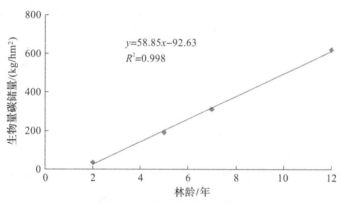

图 5-3　香榧林生物量碳储量与林龄间的相关性

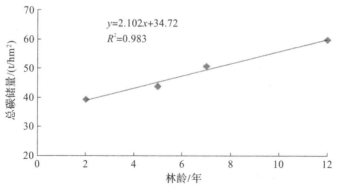

图 5-4　香榧林总碳储量与林龄间的相关性

五、香榧林单株生物量碳模型

在样地调查的基础上,地径大小的范围为 1.7~7.1cm。经分析得出香榧不同器官生物量碳储量与地径的关系函数为线性方程,如表 5-7 和图 5-5~图 5-8 所示。

表 5-7　香榧林单株生物量碳储量与地径的函数模型

器官	生物量碳模型
叶片	$y=104.1x-175.5$　$R^2=0.940$　$P<0.01$
枝干	$y=104.7x-142.2$　$R^2=0.948$　$P<0.01$
根系	$y=103.5x-120.8$　$R^2=0.914$　$P<0.01$
全株	$y=312.5x-438.6$　$R^2=0.944$　$P<0.01$

注:y 为生物量碳储量,x 为地径。

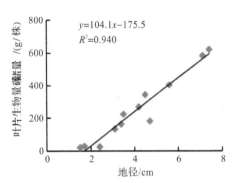

图 5-5　香榧叶片生物量碳储量与地径的关系

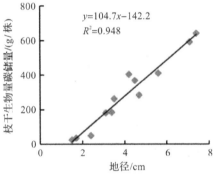

图 5-6　香榧枝干生物量碳储量与地径的关系

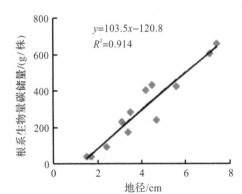

图 5-7　香榧根系生物量碳储量与地径的关系

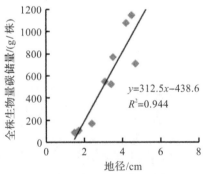

图 5-8　香榧全株生物量碳储量与地径的关系

六、小结与讨论

香榧不同器官碳密度范围为 428.3～492.3g/kg，依次为叶片＞枝条＞根系。

香榧碳储量在各器官中的占比较均匀，依次为根系（34.8%）＞枝干（34.7%）＞叶片（30.5%）。

随着林龄的增大，香榧林乔木层显著增大，草本层略有降低，枯落物层则保持相对稳定，土层也明显增高。香榧林生态系统中乔木层碳储量占比明显升高，草本层、枯落物层、土层所占比例则呈现下降趋势，而且不同林龄土层占整个生态系统碳储量的 95.3%～95.9%。

香榧林生物量碳年平均固定量为 58.85kg/hm^2，生物量碳储量、总碳储量与林龄间呈线性相关，达极显著水平（$P<0.01$）；香榧不同器官生物量碳储量与地径也为线性关系，其相关性均达显著水平（$P<0.05$）。

第六章 不同立地与经营措施对香榧林地土壤肥力的影响

香榧产业在快速发展过程中存在多种不同的经营管理方式,许多没有形成科学的经营管理,致使经营管理中存在一些问题。本试验通过研究不同经营年限、不同坡位、不同垦殖方式、不同施肥处理、不同母岩发育的香榧林地土壤肥力状况,从时间维度、空间维度、土壤母岩特征和人为经营措施出发,分析不同经营措施对香榧林地土壤肥力的影响,以期为香榧林地的科学管理,提高香榧林的经济效益和香榧林地的可持续生态经营提供一定的理论依据。这对促进香榧的规模化栽培、香榧产业的科学合理经营与健康发展,农业增效、农民增收,以及建立木本油料产业等都有重要意义与作用。

第一节 不同母岩发育的香榧林地土壤肥力的差异

一、土壤养分含量的差异

由表 6-1 可知,4 种不同母岩发育香榧林地 0~20cm 深土层土壤有机质含量有明显差异,从高到低依次为花岗岩的 52.22g/kg、石灰岩的 40.29g/kg、流纹岩的 26.03g/kg、砂页岩的 25.27g/kg。花岗岩发育的土壤、石灰岩发育的土壤与流纹岩发育的土壤和砂页岩发育的土壤有机质含量之间的差异达到显著水平,流纹岩与砂页岩发育的土壤有机质含量差异不显著,花岗岩、石灰岩发育的土壤有机质含量显著高于其他母岩发育的土壤。

不同母岩发育的香榧林地 0~20cm 深土层土壤 pH(见表 6-1)在 5.0~

6.0 范围内,存在一定的差异。各种母岩形成的土壤 pH 从高到低依次是石灰岩的 5.85、流纹岩的 5.28、花岗岩的 5.15、砂页岩的 5.05,均呈现弱酸性。石灰岩发育的土壤 pH 显著高于其他母岩发育的土壤,土壤 pH 较低的 3 种母岩发育的土壤 pH 的差异没有达到显著水平。

表 6-1 不同母岩发育的香榧林地 0~20cm 深土层土壤养分含量

母岩	有机质含量/ (g/kg)	pH	碱解氮含量/ (mg/kg)	有效磷含量/ (mg/kg)	速效钾含量/ (mg/kg)
花岗岩	52.22±2.00a	5.15±0.11b	229.9±66.26a	39.90±2.52a	45.51±5.43b
石灰岩	40.29±2.58b	5.85±0.24a	173.50±8.62b	24.54±1.45c	66.28±9.89a
流纹岩	26.03±4.40c	5.28±0.30b	153.72±8.27c	29.98±3.00b	40.82±5.99b
砂页岩	25.27±2.83c	5.05±0.13b	146.82±8.48c	20.77±1.28d	31.92±7.89c

注:不同小写字母表示不同点位间差异显著。下同。

不同母岩发育的香榧林地 0~20cm 深土层土壤碱解氮含量与有机质含量呈现相似的差异性特征。花岗岩发育的土壤碱解氮含量最高(为229.96mg/kg),石灰岩发育的次之(为 173.50mg/kg),流纹岩发育的再次之(为 153.72mg/kg),砂页岩发育的最低(为 146.82mg/kg)。流纹岩和砂页岩发育的土壤碱解氮含量没有显著性差异,但是与花岗岩与石灰岩发育的土壤碱解氮含量的差异达到显著水平。不同母岩发育的香榧林地 0~20cm 深土层土壤有效磷含量差异均达到显著水平,各种母岩发育形成的土壤有效磷含量从高到低依次为花岗岩发育的 39.90mg/kg、流纹岩发育的29.98mg/kg、石灰岩发育的 24.5mg/kg、砂页岩发育的 20.77mg/kg。

不同母岩发育的香榧林地 0~20cm 深土层土壤速效钾含量从高到低分别为石灰岩发育的 66.28mg/kg、花岗岩发育的 45.51mg/kg、流纹岩发育的40.82mg/kg、砂页岩发育的31.92mg/kg。石灰岩发育的土壤速效钾含量显著高于其他 3 种母岩发育的土壤速效钾含量,花岗岩与流纹岩发育的土壤速效钾含量差异不显著,而砂页岩发育的土壤速效钾含量显著低于其他母岩发育的土壤速效钾含量。

由表 6-2 可知,4 种不同母岩发育香榧林地 20~40cm 深土层的土壤有机质含量与 0~20cm 深土层的土壤有机质含量呈现相似的差异性特征。流纹岩和砂页岩发育的土壤有机质含量没有显著性差异,含量均较低,分别为20.11g/kg、19.73g/kg。花岗岩发育的土壤有机质含量最高为38.53g/kg,

且显著高于其他母岩发育的土壤有机质含量。石灰岩发育的土壤有机质含量次之(为30.12g/kg),与其他母岩发育的土壤有机质含量差异达到显著水平。

表6-2　不同母岩发育的香榧林地20～40cm深土层土壤养分含量

母岩	有机质含量/(g/kg)	pH	碱解氮含量/(mg/kg)	有效磷含量/(mg/kg)	速效钾含量/(mg/kg)
花岗岩	38.53±2.44a	5.33±0.07b	204.12±4.27a	12.69±1.45a	30.93±4.70b
石灰岩	30.12±4.25b	6.10±0.07a	152.69±4.03b	10.81±2.47a	45.37±5.45a
流纹岩	20.11±2.05c	5.41±0.11b	134.74±7.10c	10.28±2.00a	27.01±4.33b
砂页岩	19.73±2.29c	5.17±0.07c	123.99±4.92d	9.93±2.53a	20.15±4.07c

4种不同母岩发育香榧林地20～40cm深土层土壤pH之间的差异比0～20cm深土层土壤pH之间的差异更加显著。石灰岩发育的土壤pH最高(为6.10),显著高于其他母岩发育的土壤pH;流纹岩发育的土壤pH次之(为5.41);花岗岩发育的土壤pH再次之(为5.33),且与流纹岩发育的土壤pH之间差异不显著;砂页岩发育的土壤pH最低(为5.17),显著低于其他母岩发育的土壤pH。

不同母岩发育的香榧林地20～40cm深土层土壤碱解氮含量之间的差异达到显著水平,从高到低的顺序依次为花岗岩发育的204.12mg/kg、石灰岩发育的152.69mg/kg,流纹岩发育的134.74mg/kg、砂页岩发育的123.99mg/kg。而4种不同母岩发育的香榧林地20～40cm深土层的土壤有效磷含量之间的差异则没有达到显著水平,含量也较为接近,从高到低分别为花岗岩发育的12.69mg/kg、石灰岩发育的10.81mg/kg、流纹岩发育的10.28mg/kg、砂页岩发育的9.93mg/kg。

不同母岩发育的香榧林地20～40cm深土层的土壤速效钾含量之间的差异呈现与0～20cm深土层的土壤速效钾含量相似的差异性特征。石灰岩发育的土壤速效钾含量最高(为45.37mg/kg),显著高于其他母岩发育的土壤速效钾含量;花岗岩发育的土壤速效钾含量次之(为30.9mg/kg);流纹岩发育的土壤速效钾含量再次之(为27.01mg/kg),并与花岗岩发育的含量没有显著性差异;砂页岩发育的土壤速效钾含量最低(为20.15mg/kg),显著低于其他母岩发育的土壤速效钾含量。

二、土壤 pH、有机质含量及有效元素含量之间的相关性分析

由表 6-3 可知，香榧林地 0～20cm 深土层土壤有机质含量与碱解氮、有效磷、速效钾这 3 种速效养分含量之间存在着不同程度的正相关关系，Pearson 相关系数分别为 0.962、0.737、0.502。其中，0～20cm 深土层土壤有机质含量与碱解氮含量存在显著正相关关系（$P<0.05$）；有机质含量与有效磷、速效钾含量的相关关系都没有达到显著水平。香榧林地 0～20cm 深土层土壤 pH 与碱解氮、有效磷含量存在着不同程度的负相关关系，Pearson 相关系数分别为 -0.045、-0.227，但与速效钾含量存在正相关关系，Pearson 相关系数为 0.948。土壤 pH 与碱解氮、有效磷和速效钾含量之间的相关关系均未达到显著水平。

表 6-3 香榧林地 0～20cm 深土层土壤 pH、有机质含量及有效元素含量之间的相关性分析

指标	碱解氮含量	有效磷含量	速效钾含量
有机质含量	0.962*	0.737	0.502
pH	-0.045	-0.227	0.948

注：* 表示 $P<0.05$。下同。

由表 6-4 可知，香榧林地 20～40cm 深土层土壤有机质含量与碱解氮、有效磷、速效钾这 3 种速效养分含量之间也存在着不同程度的正相关关系，土壤有机质含量与碱解氮、有效磷含量的 Pearson 相关系数分别为 0.964、0.954，并且正相关关系都达到显著水平（$P<0.05$），有机质含量与速效钾含量的正相关关系不显著，Pearson 相关系数为 0.524。香榧林地 20～40cm 深土层土壤 pH 与碱解氮、有效磷、速效钾这 3 种速效养分含量之间存在着不同程度的正相关关系，Pearson 相关系数分别为 0.048、0.006、0.957，其中 20～40cm 深土层土壤 pH 与速效钾含量之间存在显著正相关关系，土壤有机质含量与碱解氮、有效磷含量均没有达到显著水平。

表 6-4 香榧林地 20～40cm 深土层土壤 pH、有机质含量及有效元素含量之间的相关性分析

指标	碱解氮含量	有效磷含量	速效钾含量
有机质含量	0.964*	0.954*	0.524
pH	0.048	0.006	0.957*

三、小结与讨论

土壤有机质是土壤的重要组成部分。它包括动物、植物、微生物残体和它们的分解产物以及土壤中特殊的有机质——腐殖质,包含各种养分,并能改善土壤结构和其他理化性状,是土壤肥力高低的重要标志之一。不同母岩发育形成的不同类型土壤,表层与下层土壤有机质含量均存在明显差异。花岗岩和石灰岩发育的香榧林地土壤有机质含量较高,花岗岩是岩浆岩,火山爆发的熔岩通常含有丰富的矿质元素,有利于植物的生长,有机质的富集。石灰岩发育的土壤是在母岩风化后所剩1‰左右的残留物上发育起来的。在这种土壤的形成过程中,生物富集作用对土壤肥力产生积极了的影响。在旺盛的生物作用下,土壤的有机质大量积累,林下残落物也较多,有机质含量较高。花岗岩和石灰岩发育的香榧林地土壤在人为经营管理下,有机质含量易提高。砂页岩是黏土经过压实、缩水、胶结硬化而形成的,故砂页岩发育的香榧林地土壤有机质含量相对较低。在香榧生产经营管理过程中,在砂页岩发育的香榧林地应多施有机肥,以增加土壤有机质的供给。

土壤 pH 水平对植物营养有重要的影响。土壤 pH 通过直接影响土壤养分的存在状态、转化和有效性,对植物的生长发育产生直接影响。因此,土壤 pH 水平是影响土壤肥力的重要因素之一。不同母岩发育的香榧林地土壤 pH 存在较大的差异。影响土壤 pH 水平的主要因素有气候、生物、母岩类型等,另外,施肥和灌溉等人为经营措施也会使土壤酸度增大。香榧林地经营过程中,肥料的使用使林地土壤发生一定程度的酸化,4 种母岩发育的 0~20cm 深土层土壤平均 pH 均低于 6.0,而 20~40cm 深土层土壤 pH 比 0~20cm 深土层土壤 pH 高,差异程度变大;土壤 pH 水平对母岩有较大的继承性,本试验条件下,20~40cm 深土层的土壤特性更接近土壤的母岩层特性,所以差异更显著。下层土壤中,石灰岩发育的土壤 pH 最高,砂页岩发育的土壤 pH 最低。这是因为石灰岩发育的土壤中富含 $CaCO_3$ 且盐基丰富,在风化过程中,$CaCO_3$ 延缓了土壤盐基的淋失和土壤的酸化进程,所以 pH 较高;而砂页岩发育的土壤中大部分盐基淋失,导致土壤 pH 较低。相关研究表明,以土壤 pH 5.2 以上较利于香榧的生长,所以在花岗岩和砂页岩发育的香榧林地土壤中增施石灰,改良土壤,从而有助于香榧丰产。

林地养分同时受母岩和施肥处理的影响,3 种速效养分在不同母岩发育的香榧林地土壤中都存在着不同显著程度的差异。碱解氮含量在 4 种母岩发育的表层与下层土壤中均存在显著性差异,且呈现与有机质含量相似的差异显著性。通过香榧林地土壤有机质含量与碱解氮含量的相关性分析,得出两者之间存在显著的正相关关系,随土壤有机质含量的提高,碱解氮含量也显著提高。土壤有效磷含量是衡量土壤磷元素供应状况的较好指标。不同母岩发育的香榧林地土壤有效磷含量存在着显著性差异,但都达到20mg/kg,能较好地供应香榧的生长。两个土层的土壤有效磷含量都与土壤有机质含量存在正相关关系,且下层土壤的达到显著正相关关系。不同母岩发育的香榧林地表层与下层土壤速效钾含量呈现相似的差异显著性,且4种母岩发育的香榧林地土壤速效钾的含量均不丰富,都低于50mg/kg,在香榧林地经营管理过程中应增加对土壤钾元素的补充。土壤3种速效养分含量与有机质含量间均存在正相关关系,说明有机质含量丰富的林地土壤,在矿化过程中能释放大量的营养元素,为植物生长提供养分。但土壤 pH 与某些速效养分含量之间呈负相关关系,说明土壤的进一步酸化在一定程度上制约了土壤中速效养分的供给,林地过量施肥在使林地土壤有效养分含量提高的同时,也使土壤酸化程度加重。

第二节　不同经营年限下香榧林地土壤肥力的差异

一、土壤有机质含量的差异

如图 6-1 所示,香榧林地 0～20cm 深土层的土壤有机质含量先下降后上升再下降,20～40cm 深土层的土壤有机质含量呈现相同的趋势。对不同经营年限下香榧林地的土壤有机质含量进行 LSD 多重比较,结果显示,两个土层的有机质含量在不同经营年限下均达到显著性差异水平,各个年限的有机质含量都显著高于起始时土壤的有机质含量。对 0～20cm 深土层土壤进行分析,6 年的有机质含量最高(达到 62.22g/kg),超过起始时土壤的有机质含量的 3 倍,4 年的有机质含量最低(为 26.85g/kg),2 年、8 年、10 年的有机质含量接近(分别为 48.13g/kg、44.73g/kg、37.99g/kg)。20～40cm 深土层的土壤有机质含量均比 0～20cm 深土层的土壤有机质含量低,6 年的有机质含量同样是最高的,4 年的有机质含量最低,2 年、8 年、10 年的有机质含量相接近。

二、土壤 pH 的差异

如图 6-2 所示,香榧林地 0～20cm 深土层的土壤 pH 以 0 年、2 年、4 年、

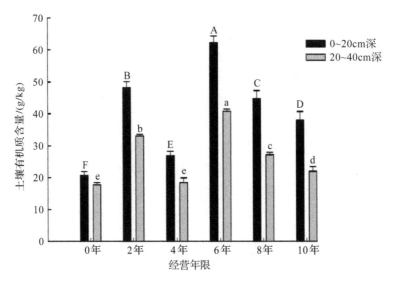

图 6-1 不同经营年限下香榧林地土壤有机质含量

注:不同小写、大写字母表示不同位点间差异显著。下同。

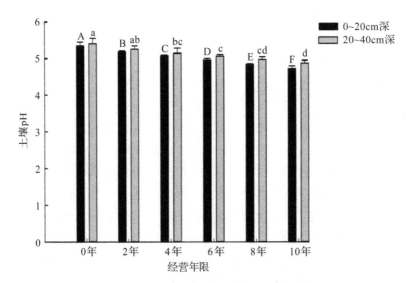

图 6-2 不同经营年限下香榧林地土壤 pH

6 年、8 年、10 年为序,分别是 5.35、5.19、5.08、4.97、4.84、4.73;20～40cm 深土层的土壤 pH 分别为 5.40、5.25、5.15、5.07、4.98、4.88。0～20cm 深土层的土壤 pH 在各个经营年限间差异显著,随着经营年限的延长,土壤的酸化表现显著;各个经营年限 20～40cm 深土层的土壤 pH 比 0～20cm 深土层的 pH 都高,0 年、10 年的 20～40cm 深土层的土壤 pH 差异达到显著水平,其他各个年限间的差异不太显著,但整体上 pH 也随着经营年限的延长而下降。

三、土壤碱解氮含量的差异

如图 6-3 所示,香榧林地 0～20cm 深土层和 20～40cm 深土层土壤的碱解氮含量都呈现先上升后下降再上升的变化趋势。0～20cm 深土层土壤碱解氮含量最高(为 10 年的 279.33mg/kg),比起始时土壤的碱解氮含量增加了24.6%;4 年的碱解氮含量最低(为 174.58mg/kg),比起始时土壤的碱解氮含量下降了 22.1%;0 年、2 年和 6 年之间的碱解氮含量没有显著性差异;10 年和 8 年的碱解氮含量有显著性差异,并且显著高于 0 年、2 年、4 年和 6 年的碱解氮含量。各个经营年限间 20～40cm 深土层土壤的碱解氮含量差异性小于 0～20cm 深土层土壤的碱解氮含量;10 年和 8 年的碱解氮含量没有显著性差异;0 年、2 年和 6 年的碱解氮含量也没有显著性差异;4 年的碱解氮含量是最低的。

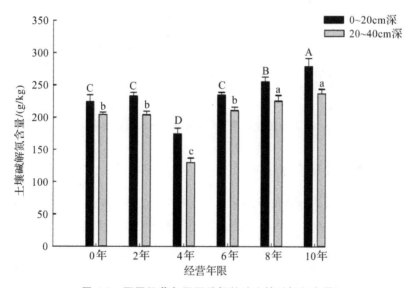

图 6-3　不同经营年限下香榧林地土壤碱解氮含量

四、土壤有效磷含量的差异

如图 6-4 所示,香榧林地 0～20cm 深土层土壤的有效磷含量在 2 年的经营年限之后有一明显的增加趋势,而20~40cm深土层土壤的有效磷含量没有表现出明显的增加趋势。各个经营年限两个土层土壤的有效磷含量均显著高于起始时土壤的有效磷含量。10年的0~20cm深土层土壤的有效磷含量最高(为93.44mg/kg),4年的0~20cm深土层土壤的有效磷含量最低(为39.90mg/kg),0年、2年、4年、6年、8年和10年之间的有效磷含量均达到差异显著水平。10年的20~40cm深土层土壤的有效磷含量显著高于其他经营年限的含量,6年、8年的含量之间没有显著性差异,4年的含量显著低于其他经营年限的含量。

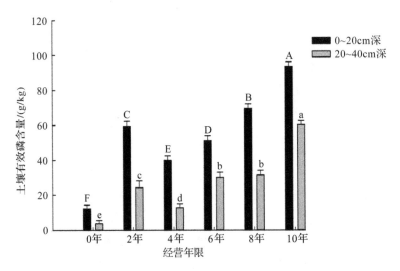

图 6-4 不同经营年限下香榧林地土壤有效磷含量

五、土壤速效钾含量的差异

如图 6-5 所示,不同经营年限下香榧林地 0~20cm 和 20~40cm 深两个土层土壤的速效钾含量没有呈现明显的变化规律,各个年限的速效钾含量都显著高于起始时土壤的速效钾含量。8 年和 10 年的 0~20cm 深土层土壤的速效钾含量没有显著性差异,含量较高(分别为 75.05mg/kg、73.79mg/kg);2 年和 4 年的速效钾含量也没有显著性差异,含量次之;6 年的速效钾含量最低(为 40.42mg/kg)。8 年和 10 年的 20~40cm 深土层土壤的速效钾含量同样最高,并且差异没有达到显著水平;2 年和 4 年的速效钾含量次高,且差异不显著;6 年的含量最低。

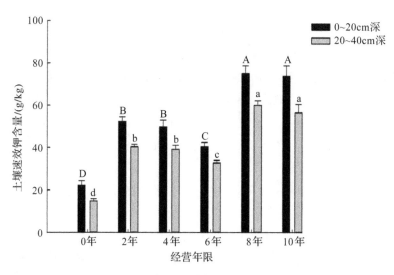

图 6-5　不同经营年限下香榧林地土壤速效钾含量

六、小结与讨论

通过对不同经营年限下香榧林地土壤肥力各个指标含量的分析比较，得出在不同经营年限下香榧林地土壤肥力存在明显的差异，随着经营年限的延长，香榧林地土壤养分得到一定的积累，土壤肥力增强。对 0～20cm 和 20～40cm 深的两个土层的土壤肥力指标进行比较，20～40cm 深的下层土壤的肥力水平明显低于 0～20cm 深的土层土壤的肥力水平，这个研究结果与土壤有机质空间分异和分配的一般规律相符合。此外，随着经营年限的延长，两个土层之间的差异有增大的趋势，说明在长期的人为经营措施下，表层的土壤肥力富集度高，而下层土壤受的影响较小，这与林地的生产经营措施有一定的关系：没有对香榧林地进行深翻，只是进行表层松土；没有进行埋施肥料，而是进行撒施。在经营管理中可以对香榧林地进行翻耕埋施，增加下层土壤养分的积累。

土壤有机质是土壤肥力最基本和最重要的影响因素，研究在不同经营年限下香榧林地土壤有机质的变化对表征香榧林地土壤状况的演变过程具有重要意义。香榧林地表层土壤有机质变化幅度较大，种植初期有机质含量明显增大，在种植香榧 2 年之后，虽然林地已经开始进行施肥管理，但是有机质含量不仅没有上升反而下降，这是由于人为经营措施干扰了原有的立地环境,破坏了原有土壤的生态系统平衡,加速了林地土壤有机质的矿化分解。土壤学上也已证明,土地利用方式的改变,会使土壤有机质产生显著变化。随着经营年限的增加,立地环境基本稳定,有机质积累的速率逐渐大于分解的速率,加上施肥等营林措施,6 年的香榧林地的有机质含量达到较高水平,之后有所下降,但总体维持在较高的水平;下层土壤有机质含量变化较为缓和。为了使香榧林地土壤有机质含量都能保持在较高水平,营林初期的管理应更加精细,尽量不要破坏原有的立地环境,增加林地土壤肥料的供给,有利于保土保肥。

研究数据表明,随着经营年限的增长,香榧林地土壤酸度逐渐增强,呈现土壤酸化的趋势。从土壤肥力质量而言,土壤的进一步酸化不利于可持续利用目标的实现。这是因为在酸性强化条件下,各种阳离子养分(如钾、钙、镁等)更容易被土壤溶液从土壤胶体上代换下来,进而被径流移出土体而流失,造成土壤肥力的下降。因此,香榧林地的酸化现象应引起重视,得结合一定的措施,如石灰中和等,使香榧林地土壤 pH 维持在有利于可持续生产的水平。

不同经营年限下,香榧林地土壤碱解氮、有效磷、速效钾三种速效养分的含量没有呈现相似的差异性特征,这与各自的元素特性相关。香榧林地碱解氮含量各年均保持较高的水平,随着经营年限的延长,含量也显著增加,也与证实了施肥管理能提高碱解氮的储量和供给这一观点。4 年是碱解氮由下降到稳步增加的拐点,说明在香榧营林的初期,对原有立地环境有破坏,造成土壤保土保肥弱,水土流失强,碱解氮含量有下降的趋势;之后立地环境稳定,管理措施有序合理,使土壤碱解氮得到稳步积累。有效磷与碱解氮的特征有差异。有效磷不像碱解氮一样容易水解,并随着径流在土壤空间中移动。有效磷在土壤中的移动性弱,所以表层与下层之间的含量差异显著,下层的含量低。针对这一特性,在经营管理过程中得对磷肥进行埋施,人为进行有效磷的分布调节。随着经营年限的延长,土壤中的有效磷得到富集,合理施肥和有机质的增加是使有效磷含量提高的有效措施。速效钾的移动性较大,受水土流失、淋溶流失、径流流失的影响明显;植物对速效钾的吸收也是大量的。因此,不同经营年限的香榧林地土壤速效钾含量与其他速效养分的变化规律有所不同,没有随经营年限的延长而得到明显的积累,各个年限间变化幅度较大。各年份的降水量有差异,使得各年份的径流、淋溶效应不同;各年份的天气状况差异影响香榧的生长发育,使对速效钾的吸收也有所不同,造成了不同年限下香榧林地土壤速效钾含量的差异。因此,在香榧林地的经营管理过程中,还应该结合当年的天气水平增加或降低经营管理措施的力度,适当调整经营措施的类型。

第三节　不同种植坡位对香榧林地土壤肥力的影响

一、对土壤有机质的影响

如图 6-6 所示,不同坡位香榧林地土壤有机质含量分布趋势大致呈现 U 形,南坡与北坡土壤有机质含量都随坡位的上升大致呈逐渐降低的趋势,坡顶 T6 的含量最低为 25.99g/kg。就南坡而言,有机质含量随坡位的上升下降的趋势比较缓和,S3、S4、S5 的含量之间差异很小,S1、S2、S3、S4、S5、T6 这 6 个坡位的平均有机质含量为 29.55g/kg。而北坡,有机质含量随坡位的上升下降的趋势比南坡明显很多,各个坡位的有机质含量差异比较大,T6、N7、N8、N9、N10、N11 这 6 个坡位的平均有机质含量为 39.70g/kg,比南坡的平均值高了 34.3%。

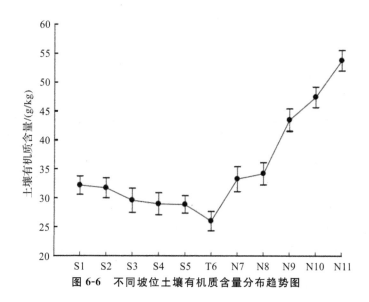

图 6-6　不同坡位土壤有机质含量分布趋势图

二、对土壤 pH 的影响

如图 6-7 所示,不同坡位香榧林地土壤 pH 分布趋势大致呈现 V 形,南坡与北坡土壤 pH 都随坡位的上升大致呈逐渐降低的趋势,坡顶 T6 的土壤 pH 最低(为 5.08),各个坡位的土壤 pH 在 5～6 的范围内。南、北坡土壤 pH 随坡位的上升而降低的趋势大致相同,北坡下降趋势略微缓和一点。 S1、S2、S3、S4、S5、T6 这 6 个坡位的平均 pH 为 5.31,T6、N7、N8、N9、N10、 N11 这 6 个坡位的平均 pH 为 5.34,南坡与北坡的平均 pH 几乎没有差异。

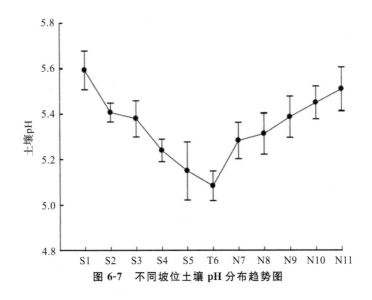

图 6-7　不同坡位土壤 pH 分布趋势图

三、对土壤碱解氮的影响

如图 6-8 所示,不同坡位香榧林地土壤碱解氮含量分布趋势大致呈现 U 形,南坡与北坡土壤碱解氮含量都随坡位的上升大致呈逐渐降低的趋势,坡顶 T6 的土壤碱解氮含量最低(为 183.01mg/kg)。南坡 S1、S2、S3 段的有机质含量的下降趋势明显快于 S3、S4、S5、T6 段的下降趋势;北坡的下降趋势近乎直线下降,在中间坡位下降的趋势较为缓和。S1、S2、S3、S4、S5、T6 这 6 个坡位的平均碱解氮含量为 195.08mg/kg;T6、N7、N8、N9、N10、N11 这 6 个坡位的平均碱解氮含量为 201.81mg/kg,北坡的平均含量略高于南坡。

四、对土壤有效磷的影响

如图 6-9 所示,不同坡位香榧林地土壤有效磷含量分布趋势大致呈现倒 W 形,南坡与北坡最高的土壤有效磷含量分别为 S2 的 21.15mg/kg 和 N10 的 15.88mg/kg,坡顶 T6 的土壤有效磷含量最低(为 3.67mg/kg)。S2、S3、S4、

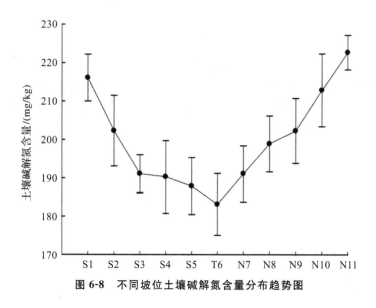

图 6-8　不同坡位土壤碱解氮含量分布趋势图

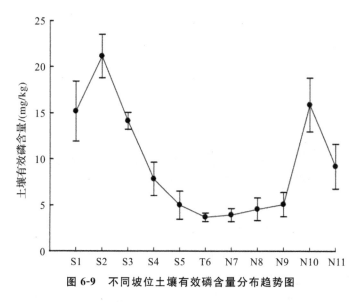

图 6-9　不同坡位土壤有效磷含量分布趋势图

S5、T6 段的有效磷含量随坡位的上升而下降的趋势近似平滑的曲线，S1 到 S2 的含量则是上升。T6、N7、N8、N9 间的含量差异不大，N9 到 N10 段随坡位的下降含量上升，而 N10 到 N11 段的含量则下降。S1、S2、S3、S4、S5、T6 这 6 个坡位的平均有效磷含量为 11.15mg/kg；T6、N7、N8、N9、N10、N11 这 6 个坡位的平均有效磷含量为 7.03mg/kg，南坡的平均含量高于北坡。

五、对土壤速效钾的影响

如图 6-10 所示,不同坡位香榧林地土壤速效钾含量分布趋势大致呈现 U 形,南坡与北坡土壤速效钾含量都随坡位的上升大致呈逐渐降低的趋势,坡顶 T6 的土壤速效钾含量最低为 33.36mg/kg。南坡土壤速效钾含量随坡位的上升而降低的趋势大致成直线,下降的速率相似。N11 到 N9 段速效钾含量随坡位的上升而降低的下降速率高于 N9 到 T6 段的下降速率。S1、S2、S3、S4、S5、T6 这 6 个坡位的平均速效钾含量为 54.11mg/kg;T6、N7、N8、N9、N10、N11 这 6 个坡位的平均速效钾含量为 48.48mg/kg;南坡的平均含量略高于北坡。

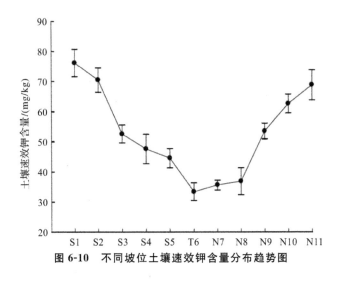

图 6-10　不同坡位土壤速效钾含量分布趋势图

六、对土壤全氮的影响

如图 6-11 所示,不同坡位香榧林地土壤全氮含量分布趋势大致呈现 W 形,南坡和北坡全氮含量最低分别为 S3 的 1717.34mg/kg 和 N7 的 1727.41mg/kg。南坡各个坡位的含量没有呈现明显的变化趋势,各个坡位的含量都近似。北坡的 N11 到 N7 段全氮含量随坡位的上升呈现明显的下降趋势,各个坡位的下降速率近似相等;N7 到 T6 段全氮含量则随着坡位的升高反而增加。S1、S2、S3、S4、S5、T6 这 6 个坡位的平均全氮含量为 1840.10mg/kg;T6、N7、N8、N9、N10、N11 这 6 个坡位的平均全氮含量为 2182.35mg/kg;北坡的平均含量高于南坡。

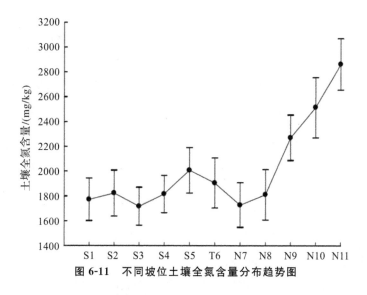

图 6-11　不同坡位土壤全氮含量分布趋势图

七、对土壤全磷的影响

如图 6-12 所示,不同坡位香榧林地土壤全磷含量分布趋势与有效磷含量一样,大致呈现倒 W 形,南坡与北坡土壤全磷含量最高分别为 S2 的 326.56mg/kg 和 N10 的 329.38mg/kg,坡顶 T6 的土壤全磷含量最低为 138.96mg/kg。南坡 S2、S3、S4、S5、T6 段的全磷含量随坡位的上升而下降,S1 到 S2 的含量则是上升,其中 S3、S4、S5 的含量差异不大。T6、N7、N8 段

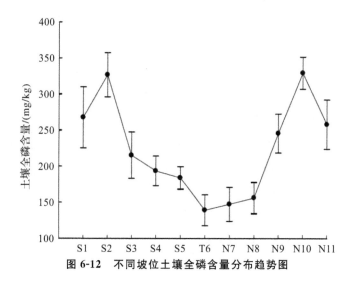

图 6-12　不同坡位土壤全磷含量分布趋势图

间的全磷含量差异不大,N9 到 N10 段的含量随坡位的下降上升显著,而 N10 到 N11 段的含量则下降。S1、S2、S3、S4、S5、T6 这 6 个坡位的平均全磷含量为 220.92mg/kg;T6、N7、N8、N9、N10、N11 这 6 个坡位的平均全磷含量为 212.52mg/kg;南坡的平均含量略高于北坡。

八、对土壤全钾的影响

如图 6-13 所示,不同坡位香榧林地土壤全钾含量分布趋势大致呈下降的直线,南坡的土壤全钾含量随坡位的上升呈现下降的趋势,而北坡的全钾含量随坡位的上升先增加后减少。南坡土壤全钾含量随坡位的变化幅度小,其中 S3、S4、S5 的全钾含量近乎相等;北坡的含量变化幅度大,N9 的含量最高,N7、N8 次之,N10、N11 最低。S1、S2、S3、S4、S5、T6 这 6 个坡位的平均全钾含量为 17917.43mg/kg;T6、N7、N8、N9、N10、N11 这 6 个坡位的平均全钾含量为 15321.82mg/kg;南坡的平均含量高于北坡。

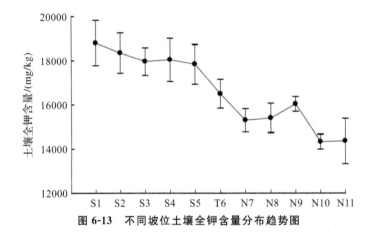

图 6-13 不同坡位土壤全钾含量分布趋势图

九、对土壤全铜的影响

如图 6-14 所示,不同坡位香榧林地土壤全铜含量分布趋势大致呈现 W 形,各个坡位中,两个全铜含量最低的坡位分别为 T6 的 2.58mg/kg 和 N8 的 2.42mg/kg。南坡 S2、S3、S4、S5、T6 段的全铜含量随坡位上升呈直线下降的趋势,S1 与 S2 的含量没差异;北坡 N8、N9、N10、N11 段的全铜含量也随着坡位的上升呈直线下降的趋势,N8 到 N7 再到 T6 的含量先上升后下降。S1、S2、S3、S4、S5、T6 这 6 个坡位的平均全铜含量为 3.75mg/kg;T6、

N7、N8、N9、N10、N11 这 6 个坡位的平均全铜含量为 3.44mg/kg；南坡的平均含量略高于北坡。

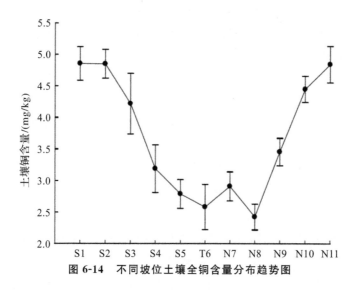

图 6-14　不同坡位土壤全铜含量分布趋势图

十、小结与讨论

不同坡位对香榧林地土壤不同养分含量产生差异性影响：对土壤有机质和碱解氮、有效磷、速效钾三种速效养分含量产生比较明显的影响；对土壤 pH 的影响是不太显著的；对全氮、全磷、全钾这三种全量养分含量并没有呈现像对这三种元素的速效养分含量一样的影响效果；重金属铜元素在香榧林地中的含量是微量的，坡位对其有一定的影响。

本研究通过对不同坡位香榧林地土壤各个养分含量的分析比较，得出不同坡位对香榧林地土壤养分含量的影响主要包括以下几个方面。

（1）不同坡位对香榧林地土壤有机质含量产生显著影响，土壤有机质含量随坡位的下降而升高。这与范志强等（2002）对水曲柳幼林适生立地条件研究结果一致。在适宜的海拔条件下，坡位是影响林地土壤养分状况的关键因素，对水肥的再分配直接造成影响。一般来说，坡位越高，越容易造成水土流失，因为水分在重力的作用下迅速流出，伴随着土壤侵蚀，导致土壤养分随径流流失，使土壤有机质含量下降。从上坡位到下坡位，径流对土壤的侵蚀能力越来越弱，土壤有机质随径流流速降低而在下坡位产生淤积。香榧林地土壤有机质含量在南坡与北坡形成了明显的阳性土和阴性土的差异性特征,北坡(阴坡)的有机质含量明显高于南坡(阳坡)的含量。坡向与土壤水热条件有密切的关系,对土壤侵蚀也有影响。阳坡接受的光照多,土壤空气充足,土壤水分和腐殖质的积累差,植被生长不良,覆盖率低;阴坡与阳坡环境条件相反,植被生长较好。一般来说,阳坡的土壤侵蚀比阴坡严重,造成了北坡(阴坡)的有机质含量明显高于南坡(阳坡)的有机质含量的差异性特征。

(2)不同坡位对香榧林地土壤 pH 的影响较小,但随着坡位的升高而降低,即土壤的酸性增强,这与傅华等(2005)的研究结果是相似的。香榧林地土壤的碱解氮含量随坡位的升高而下降的趋势是显著的,这与碱解氮易水解且随径流流失的情况相关,各个坡位的下降速率也大致相似。土壤碱解氮在一定程度上可以表征土壤中有机质的生物积累和分解作用的相对强弱,两者之间存在相关关系。通过实验分析本研究中南坡碱解氮含量与北坡碱解氮含量的差异,发现碱解氮与有机质一样,存在阳坡和阴坡的差异性特征,有机质含量高的北坡碱解氮含量也高于南坡。香榧林地土壤中的有效磷的移动性弱,在不同坡位上产生了明显的差异,含量大致也随坡位的升高而下降,尤其是高坡位的土壤有效磷含量为较低水平。这就要求在实际的经营管理过程中应该针对有效磷这种分布特征加强对高坡位香榧林地的施肥管理,才能避免高坡位的香榧因缺磷而生长发育缓慢。香榧林地土壤速效钾含量也呈现随坡位的升高而下降的趋势,这与林地径流相关,土壤速效钾容易淋溶损失,随水流流失,大部分速效钾在低坡位发生富集。南坡(阳坡)植被生长不良,覆盖率低,北坡(阴坡)与南坡(阳坡)环境条件相反,植被生长较好,一般来说,阳坡的土壤侵蚀比阴坡严重,所以南坡(阳坡)土壤速效钾含量随坡位升高而降低的速率快于北坡(阴坡)的下降速率。

(3)不同坡位对北坡香榧林地土壤全氮含量没有明显的影响,其原因可能在于大量元素的全量养分主要来自母岩,其含量水平比较稳定。但是南坡与北坡还是表现出不太一致的变化差异,北坡的全氮含量高于南坡的含量,所以有机质含量高的坡向提供氮元素的潜力高。磷元素在土壤中的固定性,使其在南坡与北坡的差异比氮元素的差异小得多,南坡与北坡也呈现相似的趋势,在坡顶的磷元素含量较低,生产管理过程中应提高上坡位土壤的供磷潜力。香榧林地土壤全钾含量随坡位的变化没有呈现明显的变化规律,说明坡位并不是造成这一种差异的主要原因,不同坡位对其的影响还应结合其他多种因素进行分析。施肥处理措施的差异能较大程度地影响钾元素在土壤中的分布,植物的大量吸收也能耗尽土壤中的钾元素,得动态关注香榧林地钾元素养分的含量。重金属铜在香榧林地的含量尚处在适当范围内,但铜含量也像有机质含量一样呈现随坡位的下降而增加,且铜在低坡位淤积。重金属铜主要来源于香榧林地施用的有机肥料,有机质含量高的坡位铜含量相应也高,所以在今后的经营生产过程中得合理选择有机肥料的种类,在源头上有效降低土壤重金属含量,保证香榧果实的健康安全。

第四节　不同垦殖方式下香榧林地土壤肥力的分布特征

一、土壤肥力的水平分布特征

从图 6-15 可以看出,不同垦殖方式下香榧林地土壤有机质含量随离树干的距离不同而变化的规律不尽一致。D1 处理中,0~20cm 深土层土壤有机质含量随离树干的距离增大而减小,其中距树干 60cm 处的土壤有机质含量比距离 120cm 和 180cm 处的含量都高,且差异性均达显著水平,但距 120cm 和 180cm 处之间的差异不显著。D2 处理中,0~20cm 深土层土壤有机质含量随离树干的距离不同而变化的规律与处理 D1 相似,也表现为土壤有机质含量随离树干的距离增大而减小的趋势,其中距离 60cm 处土壤有机

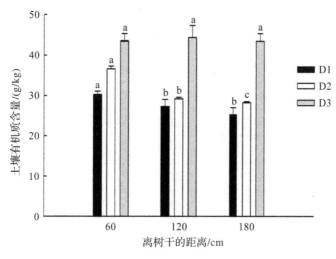

图 6-15　0~20cm 深土层土壤有机质含量与离树干的距离的关系

质含量比 120cm 和 180cm 处的含量高,且差异均达显著水平,距 120cm 和 180cm 处之间的差异也达到显著水平。D3 处理中,各处土壤有机质含量间的差异均不显著,土壤有机质含量随离树干的距离变化的规律与 D1、D2 不一致,表现为 120cm 处的＞60cm 处的＞180cm 处的。由此分析,清耕垦殖方式下香榧林地土壤有机质含量表现出随着与树干距离增大而显著减小的水平变化规律,而生草垦殖方式下香榧林地土壤有机质含量变化不明显。

从表 6-5 可以看出,三种处理的香榧林地土壤 pH 随离树干的距离的不同而变化的规律没有一致性。D1、D2 处理中,120cm 处土壤 pH 最小,而 D3 处理中 60cm 处土壤 pH 最小;D1 处理中,离树干不同距离的土壤 pH 无显著性差异,而 D2、D3 处理中,60cm 处土壤 pH 与 120cm、180cm 处均有显著性差异,但是 120cm 与 180cm 处土壤 pH 的差异不显著。

通过表 6-5 可知碱解氮、有效磷、速效钾的水平分布特征。D1、D2 处理中,0~20cm 深土层土壤碱解氮含量随离树干的距离的不同而变化的规律相似,表现为随离树干的距离增加而减少的趋势,180cm 处含量显著小于 60cm 和 120cm 处,60cm 处与 120cm 处含量无显著性差异;D3 处理中,120cm 处土壤碱解氮含量最高,且各不同距离处的碱解氮含量没有显著性差

表 6-5　0~20cm 深土层 pH、土壤养分含量与离树干的距离的关系

样地	离树干的距离/cm	pH	碱解氮含量/(mg/kg)	有效磷含量/(mg/kg)	速效钾含量/(mg/kg)
D1	60	5.26±0.20a	183.01±4.82a	51.58±5.50a	77.73±12.77a
D1	120	4.94±0.22a	177.96±4.35a	34.76±11.07b	58.31±9.48b
D1	180	4.95±0.08a	158.57±5.11b	18.10±8.23c	45.49±11.18b
D2	60	5.32±0.08a	154.11±6.09a	117.74±6.06a	109.14±11.77a
D2	120	5.07±0.07b	151.71±9.22a	36.79±5.23b	69.87±11.39b
D2	180	5.10±0.10b	136.45±5.83b	7.57±2.84c	64.10±11.75b
D3	60	4.82±0.20b	207.09±9.63a	74.88±3.13a	60.83±5.94a
D3	120	5.28±0.10a	210.63±5.03a	23.34±5.43b	53.89±11.85ab
D3	180	5.32±0.12a	208.16±8.08a	10.93±5.53c	44.34±8.75b

异。生草栽培经营措施削弱了碱解氮在水平方向上的分布差异。有效磷在三个处理中表现出相似的规律,即随离树干的距离增加而减少,且各个不同距离处的有效磷含量均差异显著。速效钾与碱解氮在各个处理中表现出相似的特征规律,生草垦殖方式同样削弱了土壤速效钾在水平方向上的分布差异性。

二、土壤肥力的垂直分布特征

由图 6-16 可以看出,D1、D2、D3 处理中,土壤有机质含量都随着土层的加深而减少。其中,D1 处理中,0～20cm 深土层土壤有机质含量显著高于20～40cm 和 40～60cm 深土层的含量,但是 20～40cm 与 40～60cm 深土层之间的土壤有机质含量差异不显著。D2、D3 处理中,各土层间的土壤有机质含量均存在显著性差异。上述结果表明,不同垦殖方式下香榧林地土壤有机质含量均呈随土层深度增加而下降的垂直分布规律,20cm 以上土层的土壤有机质含量显著高于 20cm 以下的土层,以梯台种植香榧的处理差异较大。

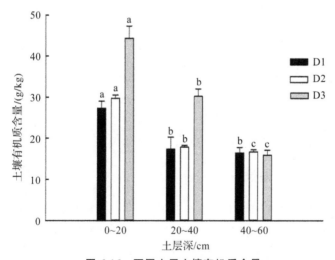

图 6-16　不同土层土壤有机质含量

由表 6-6 可以看出,D1、D2、D3 处理中各个土层土壤 pH 之间均无显著性差异,且都随着土层的加深而变大。D1、D2、D3 处理中各个土层土壤碱解氮含量都随着土层的加深而减少,D1、D3 处理中各个土层土壤碱解氮含量均差异显著,D2 处理中 0～20cm 深土层碱解氮含量显著高于 20～40cm 和

40～60cm 深土层的含量,但是 20～40cm 与 40～60cm 深土层之间的土壤碱解氮含量差异不显著。有效磷和速效钾在各个处理中都表现出相似的规律,随土层的加深两者含量都减少,且 0～20cm 深土层的含量显著高于 20～40cm 和 40～60cm 深土层的含量,但是 20～40cm 与 40～60cm 深土层之间的差异不显著。由此可见不同经营措施对香榧林地土壤 pH 在垂直方向上的干扰影响不明显,0～20cm 深土层土壤碱解氮、有效磷、速效钾含量均显著高于其他土层的含量。

表 6-6　不同土层土壤养分含量

样地	土层深/cm	pH	碱解氮含量/ (mg/kg)	有效磷含量/ (mg/kg)	速效钾含量/ (mg/kg)
	0～20	4.73±0.14a	178.72±8.80a	49.78±3.93a	58.31±9.48a
D1	20～40	4.94±0.22a	156.52±4.82b	7.68±2.80b	36.27±7.04b
	40～60	5.06±0.13a	129.21±5.24c	6.95±1.09b	23.30±7.66b
	0～20	5.07±0.07a	136.45±5.83a	40.04±2.36a	60.67±8.81a
D2	20～40	5.13±0.33a	108.84±4.31b	3.13±1.36b	29.65±6.98b
	40～60	5.25±0.37a	103.41±5.32b	2.93±1.33b	21.20±6.21b
	0～20	5.28±0.10a	220.57±8.61a	58.09±2.58a	46.76±5.44a
D3	20～40	5.33±0.07a	185.99±9.29b	5.97±1.52b	19.85±2.70b
	40～60	5.42±0.04a	140.15±4.46c	5.77±1.25b	18.85±2.62b

三、土壤肥力的坡位分布特征

从图 6-17 可以看出,D1 和 D2 处理中 0～20cm 深土层的上坡位土壤有机质含量比中坡位和下坡位都低,且与中坡位和下坡位的差异都达到显著水平,中坡位与下坡位之间的差异则不显著,分析结果表明清耕垦殖方式下无论是顺坡还是梯台种植,上坡位 0～20cm 深土层的土壤有机质均表现出随径流而明显下移的趋势。D3 处理中土壤有机质含量从大到小依次为:中坡位＞下坡位＞上坡位,且三个不同坡位之间的差异都达到显著水平,结果表明生草垦殖方式下土壤有机质从上坡位随径流下移的部分主要淀积于中坡位。

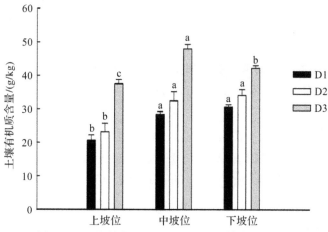

图 6-17 不同坡位 0～20cm 深土层土壤有机质含量

从表 6-7 可以看出,0～20cm 深土层土壤 pH 在各个处理中均随着坡位的升高而降低;D2、D3 处理中,上、中、下各个坡位之间土壤 pH 无显著性差异;D1 处理中,下坡位 0～20cm 深土层土壤 pH 显著高于上坡位和中坡位的值,由此可见顺坡种植的经营方式加大了土壤 pH 在坡位方向上的差异性。

表 6-7 不同坡位 0～20cm 深土层土壤养分含量

样地	坡位	pH	碱解氮含量/ (mg/kg)	有效磷含量/ (mg/kg)	速效钾含量/ (mg/kg)
D1	上坡位	5.080.07b	150.355.49c	31.423.05a	34.472.25c
	中坡位	5.240.18b	163.974.67b	32.803.04a	53.892.45b
	下坡位	5.590.18a	192.644.82a	35.013.44a	74.994.28a
D2	上坡位	5.150.13a	113.285.69c	37.181.76a	41.682.78c
	中坡位	5.390.26a	137.997.67b	38.001.36a	67.484.86b
	下坡位	5.450.27a	153.108.27a	39.540.85a	81.162.58a
D3	上坡位	5.310.22a	181.405.56b	42.252.16a	32.143.47c
	中坡位	5.370.16a	208.657.42a	44.242.00a	51.823.65a
	下坡位	5.380.15a	197.464.82a	46.432.33a	42.353.17b

D1、D2 处理中,0～20cm 深土层土壤碱解氮含量随坡位的下降而增大,且三个坡位之间碱解氮含量的差异均达到显著水平;D3 处理中,0～20cm 深土层土壤碱解氮以中坡位最高,上坡位最小,且与中坡位和下坡位含量差异显著,生草垦殖方式削弱了碱解氮在坡位方向上的移动。

0～20cm 深土层土壤有效磷在 D1、D2、D3 处理中各个坡位之间差异均没有达到显著水平。

D1 和 D2 处理中,0～20cm 深土层土壤速效钾表现出相似的规律性,即随坡位的下降含量升高,且各个坡位之间的含量均达到显著水平;D3 处理中,0～20cm 深土层土壤速效钾含量以中坡位最高,上坡位最小,且各个坡位之间差异显著,结果表明,生草垦殖方式下从上坡位随径流下移的大部分速效钾沉积于中坡位。

四、小结与讨论

土壤是一个形态、组成、结构和功能不均一的,具有高度空间异质性的三维空间自然实体。土壤肥力空间异质性产生的原因包括母岩矿物学特性、微地形因素、土壤微生物活动、不同的凋落物类型及其数量、根吸收及周转、与树冠分布有关的现象如降水分布、树干流,干扰因子如林火及人为营林措施的影响等。本研究结果表明,香榧林地土壤有机质含量在水平和剖面垂直尺度上存在一定的空间异质性。D1 和 D2 处理中,0～20cm 深土层土壤有机质含量均随离树干的距离增大而减小,且各个距离之间差异显著,表现出一定的微生境异质性。D3 处理中,各个距离差异没有达到显著水平。Kelly 和 Burke(1997)对北美半干旱草地土壤有机质小尺度空间异质性的研究也表明,在植物个体尺度上,土壤表层的养分差异相当大,植物下部土壤全碳、全氮和有机质相对较丰富,这主要是由于土壤有机质来源于根系分泌、地下微生物、动物和植物凋落物,根系补充与分解植物个体或死亡个体下形成的“养分斑”。这说明清耕垦殖方式下香榧林地土壤有机质含量在水平方向上的空间变化受根系分泌和死亡根系补充的影响显著,而生草垦殖方式通过改变表层土壤中根系分布降低了土壤有机质在水平分布上的异质性。生草垦殖方式通过改变表层土壤中根系分布截断了碱解氮和速效钾的流动路径,同样降低了土壤碱解氮和速效钾在水平分布上的异质性。由于磷元素在土壤中移动性小,所以生草垦殖方式并没有明显降低其在水平分布上的异质性。

有研究认为,果园生草栽培可增加土壤有机质含量,增加最多的是表土,向下依次减少。本研究结果分析表明,不同经营措施下香榧林地土壤有机质含量随土层的加深而降低,这与以往的许多研究结果一致,各个处理中,0～20cm 深土层的土壤有机质含量显著高于 20cm 以下的土层。梯台种植香榧的处理差异比顺坡种植的差异大,这与顺坡地形较为丰沛的地下径流有一定的相关性,加速了土壤物质在各个方向上的移动。D1、D2、D3 处理中,各个土层土壤 pH 之间均无显著性差异,由此可见,不同经营措施对香榧林地土壤 pH 在垂直方向上的干扰影响不明显,但 0～20cm 深土层速效养分含量显著高于其他土层。不同经营措施影响香榧林地表层土壤速效养分的积淀,但对深层的土壤速效养分积累的影响作用不明显。

土壤有机质、速效养分主要分布于土壤表层,容易遭受土壤侵蚀等的影响。土壤侵蚀一方面加速侵蚀部位土壤有机质、速效养分的损耗,另一方面,迁移的土壤物质在低洼的景观部位发生累积。另外,土壤侵蚀过程中,土壤物质的迁移还要受到其他诸多因素的影响,如植被覆盖度、土壤性质、当地的气候条件以及人为扰动等。分析结果表明,D1 和 D2 处理中,0～20cm 深土层土壤有机质含量沿坡面表现出下坡位＞中坡位＞上坡位的再分布规律特征。在清耕垦殖方式下,由于缺少地被植物的覆盖,土壤侵蚀,尤其是水力侵蚀通过地表径流的形式容易将坡上部的地表植物残体、凋落物以及由淋溶形成的细小颗粒物质剥蚀、搬运,从而导致上坡位土壤有机质储量减少,同时,来自上坡位的土壤物质在低洼的下坡位累积。D3 处理中,中坡位0～20cm 深土层土壤有机质含量最高,说明生草栽培减弱土壤侵蚀作用,明显产生了对土壤物质随地表径流迁移的截留作用,并减少了地表裸露,减弱降水对微团聚体结合态有机质的剥蚀、搬运作用。生草栽培垦殖方式对碱解氮和速效钾的截留作用是显著的,使中坡位的碱解氮和速效钾含量高于其他坡位;有效磷含量在各个坡位之间差异不显著,这与磷在土壤中移动性小有关。0～20cm 深土层土壤 pH 在各个处理中均随着坡位的升高而降低,这也与黄兴召等(2010)的研究结果一致。

从植物微生境、垂直剖面、坡面再分布尺度上研究分析不同垦殖方式下香榧林地土壤肥力的空间分布特征,应对复杂的林况、破碎的地形等自然立地条件,因地制宜布设不同垦殖方式,使林地土壤肥力在空间分布上更有利于香榧的生产经营。

第五节　不同施肥处理对香榧林地土壤肥力的影响

一、对土壤有机质的影响

由表 6-8 可知,0～20cm 深土层土壤有机质含量中,T4 的含量最高为 31.02g/kg,其次是 T3 和 T2,分别为 26.54g/kg 和 24.42g/kg。T4、T3 和 T2 的含量较 T1 的含量分别增加了 12.74g/kg、8.27g/kg 和 6.14g/kg,并且都显著高于 T1 的含量,T3 和 T2 的含量之间差异不显著。20～40cm 深土层土壤有机质含量的高低顺序为 T4、T3、T2、T1,T4、T3、T2 的含量显著高于不施肥的 T1 的含量;T4、T3 的含量之间差异没有达到显著水平。下层土壤的有机质含量明显低于表层土壤的含量,且增加的幅度也没有表层的明显。

表 6-8　不同施肥处理香榧林地土壤有机质含量差异性比较

样地	0～20cm 深土层土壤有机质含量/(g/kg)	20～40cm 深土层土壤有机质含量/(g/kg)
T1	18.27±1.18c	13.66±1.09c
T2	24.42±2.85b	17.94±1.87b
T3	26.54±1.47b	22.24±1.37a
T4	31.02±1.39a	24.36±1.57a

二、对土壤 pH 的影响

由表 6-9 可知,0～20cm 深土层土壤 pH 中以不施肥的 T1 处理最高为 5.19,最低的为施复合肥＋有机肥的 T4 处理为 4.97,中间的为 T3、T2 的 5.14 和 5.08,T1、T2、T3、T4 各个处理之间的 pH 差异没有达到显著水平。 20～40cm 深土层土壤 pH 中同样以 T1 处理为最高值为 5.28,最低则为 T2 的 5.12,中间的为 T3、T4 的 5.22,5.14,各个处理之间的 pH 差异也不显著。各处理的下层 20～40cm 深土层土壤的 pH 均比表层 0～20cm 深土层土壤 pH 高。

表 6-9 不同施肥处理香榧林地土壤 pH 差异性比较

样地	0～20cm 深土层土壤 pH	20～40cm 深土层土壤 pH
T1	5.19±0.30a	5.28±0.13a
T2	5.08±0.24a	5.12±0.11a
T3	5.14±0.30a	5.22±0.12a
T4	4.97±0.24a	5.14±0.17a

三、对土壤碱解氮的影响

由表 6-10 可知，T1、T2、T3、T4 各个处理之间 0～20cm 深土层土壤的碱解氮含量均达到差异显著水平，以 T4 的含量最高（为 165.51mg/kg），其次为 T3、T2 的 154.17mg/kg、122.87mg/kg，T4、T3、T2 的含量分别比不施肥的 T1 处理增加了 78.19mg/kg、66.85mg/kg、35.55mg/kg。20～40cm 深土层土壤碱解氮含量中较高的为 T3、T4 的 133.25mg/kg、139.78mg/kg，显著高于其他处理的含量，且两者之间差异不显著，T4、T3、T2 的含量分别比不施肥的 T1 处理显著增加了 71.10mg/kg、64.58mg/kg、39.76mg/kg。下层 20～40cm 深土层土壤碱解氮含量均比表层 0～20cm 深土层含量低。

表 6-10 不同施肥处理香榧林地土壤碱解氮含量差异性比较

样地	0～20cm 深土层土壤碱解氮含量/(mg/kg)	20～40cm 深土层土壤碱解氮含量/(mg/kg)
T1	87.32±14.84d	68.68±5.21c
T2	122.87±14.65c	108.44±5.35b
T3	154.17±15.33b	133.25±5.99a
T4	165.51±17.80a	139.78±5.51a

四、对土壤有效磷的影响

由表 6-11 可知，0～20cm 深土层土壤有效磷含量中，T2、T3、T4 的均比不施肥的 T1 的高，并且达到差异显著水平，分别增加了 15.86mg/kg、22.42mg/kg、19.90mg/kg，T3 的含量最高（为 43.77mg/kg），显著高于 T1

和 T2 的含量,T4 的含量次之(为 41.25mg/kg),与 T2 和 T3 的含量之间差异不显著。20~40cm 深土层 T1、T2、T3、T4 的土壤有效磷含量均明显低于 0~20cm 深土层的含量,且各个处理间的差异没有达到显著水平,各个处理下土层土壤有效磷含量均在 8~11mg/kg 这个范围内。

表 6-11　不用施肥处理香榧林地土壤有效磷含量差异性比较

样地	0~20cm 深土层土壤有效磷含量/(mg/kg)	20~40cm 深土层土壤有效磷含量/(mg/kg)
T1	21.35±2.96c	8.35±1.20a
T2	37.21±3.20b	10.68±2.47a
T3	43.77±2.46a	10.23±2.04a
T4	41.25±2.42ab	9.83±2.53a

五、对土壤速效钾的影响

由表 6-12 可知,0~20cm 深土层 T2、T3、T4 施肥处理的土壤速效钾含量比不施肥处理的 T1 的含量高,并且差异达到显著水平,而各个施肥处理之间的速效钾含量差异不显著,以 T4 的含量最高(为 58.23mg/kg),T3 的含量次之(为 53.40mg/kg),最低为 T2 的 50.71mg/kg,比 T1 的含量分别增加了 18.66mg/kg、13.83mg/kg、11.15mg/kg。20~40cm 深土层土壤速效钾含量中,各施肥处理的比不施肥处理的高,且差异达到显著水平,但是 T2、T3、T4 之间的土壤速效钾含量并没有达到差异显著水平。各个处理 0~20cm 深土层土壤速效钾含量高于 20~40cm 深土层的。

表 6-12　不同施肥处理香榧林地土壤速效钾含量差异性比较

样地	0~20cm 深土层土壤速效钾含量/(mg/kg)	20~40cm 深土层土壤速效钾含量/(mg/kg)
T1	39.57±6.56b	29.07±5.53b
T2	50.71±3.54a	40.14±4.80a
T3	53.40±4.48a	43.50±3.47a
T4	58.23±7.64a	46.91±4.16a

六、小结与讨论

不同施肥处理对香榧林地土壤肥力产生显著影响。就本实验研究结果来看,施肥区块的土壤有机质、碱解氮、有效磷、速效钾含量均高于不施肥区块的土壤有机质、碱解氮、有效磷、速效钾含量,这与其他研究人员的相关研究结果一致;但不同施肥处理对香榧林地土壤 pH 的影响较小。通过对不同施肥处理条件下香榧林地土壤各肥力养分含量的分析比较,得出施肥处理对香榧林地土壤肥力的影响主要包括以下几个方面。

(1)施肥处理对香榧林地土壤有机质的影响主要体现在不同的施肥管理均显著提高了林地土壤的有机质含量,其中以施复合肥与有机肥的方式最为显著,其次是单施有机肥和单施复合肥,并且两种方式之间差异没有达到显著水平。施用以动物粪便为主的有机肥能直接补充土壤的有机质含量,而化肥施用使林地植物繁茂,覆盖率提高,根茬、枝叶等残留量增多也间接提高了土壤有机质含量,所以单施有机肥和单施复合肥的效果差异不明显。复合肥与有机肥配施,能较好地改变土壤结构,改变土壤中碳元素与其他元素的比例,加速有机质在土壤中的固定,所以复合肥与有机肥的配施对增加土壤有机质含量的效果最明显。施肥处理对香榧林地表层土壤有机质含量的影响较对下层土壤的有机质含量的影响显著。施了有机肥的区块下层土壤的有机质含量显著高于其他施肥类型的有机质含量,这可能与有机肥易流失的特性有关。在香榧林地的经营管理过程中,复合肥与有机肥配施能更好地增加土壤有机质含量。同时应进行翻耕等加强对表层土以下的经营干扰,因为作物根系具有向肥性,增加下层土壤有机质含量,可使香榧根系向下深扎,增加主根系长度和次生根条数,扩大根系吸收面积,更好地满足香榧对土壤肥力的吸收。

(2)施肥处理对香榧林地土壤 pH 虽然存在着差异,但是差异没有达到显著水平。各种施肥处理下,下层土壤 pH 均高于表层土壤 pH,说明施肥处理对香榧林地土壤 pH 的影响较小,这与邵兴华等(2012)的研究结果一致。数据分析显示,施肥处理也促进了土壤酸度的增加,虽然增加的幅度不大,但是香榧林地的进一步酸化不利于香榧的生长,应引起足够的重视。

(3)施肥处理对香榧林地土壤碱解氮、有效磷、速效钾三种速效养分含量产生了显著影响。各种施肥处理下,香榧林地土壤碱解氮含量之间的差异均达到显著水平,单施复合肥和单施有机肥均可增加植物的根茬、根系和根分泌物的产量,即增加了归还的有机氮量,这部分氮比土壤中有机氮易矿化,有效增加了土壤中碱解氮含量。其中,以复合肥与有机肥的配施效果最明显,因为施入的无机氮肥很少能在土壤有机质中积累,只有同时增加有机质碳时,才能增加有机氮的含量,并提高其矿化作用,有利于植物吸收氮元素。同样的,施肥处理也对香榧林地下层土壤的碱解氮含量产生显著影响,各个施肥处理在下层土壤的影响差异减弱。各种施肥处理下,香榧林地土壤有效磷含量之间的差异没有像碱解氮含量那样显著,但施肥处理能显著增加土壤有效磷含量,以施用有机肥为最显著,复合肥与有机肥配施次之,且与单施有机肥和单施复合肥的差异没有达到显著水平。一方面,有机肥本身含有一定数量的磷元素,且以有机磷为主,这部分磷易于分解释放;另一方面,有机肥施入土壤后可增加土壤的有机质含量,而有机质可减少无机磷的固定,并促进无机磷的溶解,所以施用有机肥对增加土壤有效磷含量的效果最为明显,也说明了复合肥与有机肥配施的效果介于单施有机肥和单施复合肥之间,且与两者没有显著性差异。磷元素在土壤中的移动性较差,所以在没有深翻等处理下,香榧林地下层土壤的有效磷含量明显低于表层土壤的有效磷含量。各种施肥处理下,香榧林地土壤速效钾含量之间的差异没有达到显著水平,说明各种施肥处理均能很好地补充土壤的速效钾含量,这也可能与土壤本身钾库极大有关。不同施肥处理下,香榧林地下层土壤速效钾含量与表层土壤速效钾含量的差异不是很明显,这是因为钾元素在土壤中的移动性较大,土壤钾元素向下层迁移,受施肥方式及植物生长的影响,表层土壤的钾元素积累越多,向下迁移的量也越多,同时,钾元素容易被植物吸收耗尽。在香榧林地的生产经营管理过程中应关注林地土壤速效钾的丰缺状况。

第七章 香榧根际土壤微生物多样性研究

第一节 不同种植年限下香榧根际土壤微生物多样性研究

一、不同种植年限对香榧根际土壤化学性质的影响

由表 7-1 可知,土壤全磷、有效磷及速效钾含量在 5 年香榧林地中较高。随着种植年限的增加,土壤 pH、全钾含量显著增加($P<0.05$),而碳氮比、有机质含量、全氮含量及碱解氮含量显著降低($P<0.05$)。与 5 年相比,15 年香榧林地土壤 pH、全钾含量分别增加 3.2%、50.0%,而碳氮比、有机质含量、全氮含量、碱解氮含量则分别下降 16.6%、56.8%、46.7%和 23.0%。这表明随着种植年限的增长,土壤养分含量下降。

表 7-1　不同种植年限下香榧根际土壤化学性质

种植年限/年	pH	碳氮比	有机质含量/%	全氮含量/%	全磷含量/%	全钾含量/%	碱解氮含量/(mg/kg)	有效磷含量/(mg/kg)	速效钾含量/(mg/kg)
5	4.75±0.08b	11.54±0.26a	6.16±0.35a	0.30±0.03a	0.12±0.01a	0.36±0.03c	150.5±5.3a	156.0±7.1a	712.1±8.5a
10	5.00±0.02a	11.82±0.22a	4.39±0.27b	0.22±0.01b	0.06±0.01b	0.44±0.09b	135.4±11.8b	128.±2.1b	481.7±5.4b
15	4.90±0.08a	9.62±0.25b	2.66±0.04c	0.16±0.00c	0.06±0.01b	0.54±0.06a	115.9±9.8c	135.9±5.4ab	548.5±5.0b

注:数据为平均值±标准差($n=4$)。不同小写字母表示差异显著。下同。

二、不同种植年限下香榧根际土壤细菌多样性和群落结构的变化

高通量测序结果显示,12个样本共获得有效序列780638条,平均长度为412bp,测序覆盖率在71.41%～78.46%。这样的测序深度基本可以反映该区域细菌群落种类和结构,可以定量比较整个群落组成和多样性的相对差异。

对α-多样性指数进行统计,可以反映微生物群落的丰度和多样性。α-多样性指数有多种。例如,Chao1指数和ACE指数代表群落物种丰度,数值越大,说明菌群丰度越高;丰度指数(Shannon指数)代表群落物种多样性;优势度指数(Simpson指数)代表常见物种。结果表明,不同种植年限的香榧根际土壤样本中,Simpson指数无明显变化(见表7-2),说明处理间样品均匀度较高。种植15年的香榧根际土壤细菌Shannon指数、Chao1指数和ACE指数,与5年和10年的相比显著降低($P<0.05$),而5年和10年之间无显著性差异,表明过长的香榧种植年限会降低细菌群落多样性和丰度,但在较低连作年限条件下影响不大。相关性分析表明,细菌群落Chao1指数与土壤速效磷含量呈现显著负相关($r=-0.77$,$P=0.01$),Shannon指数与速效钾含量呈显著负相关($r=-0.74$,$P=0.02$),速效磷和速效钾可能对香榧根际土壤细菌群落结构具有调控作用。

表7-2 不同种植年限下香榧根际土壤细菌多样性与丰度

种植年限/年	Chao1指数	ACE指数	Shannon指数	Simpson指数
5	2947a	2997a	8.81a	0.99a
10	2932a	3039a	9.09a	0.99a
15	2586b	2392b	8.58b	0.99a

β-多样性是对不同样品的微生物群落结构进行比较分析。通过NMDS分析可分析不同样品群落结构的差异。基于细菌OTU水平的NMDS分析结果显示,10年和15年香榧林地土壤细菌群落分布比较集中,而5年和10年的之间则具有相似的细菌群落结构(见图7-1),说明长期种植香榧后,土壤细菌群落结构逐渐产生差异。

根据物种注释结果,选取每个样品在门水平上最大丰度排名前10位的物种,产生物种相对丰度柱形累加图(见图7-2)。从香榧根际土壤中鉴定得到的细菌主要来自8门,大约占了97%,分属变形菌门(Proteobacteria)、放

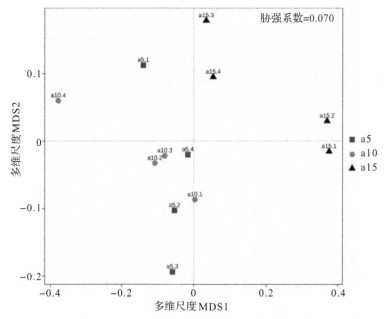

图 7-1　不同种植年限下香榧根际土壤细菌群落基于 OTU 水平的 NMDS 分析

注：a5 表示香榧种植年限为 5 年；a10 表示香榧种植年限为 10 年；a15 表示香榧种植年限为 15 年。下同。

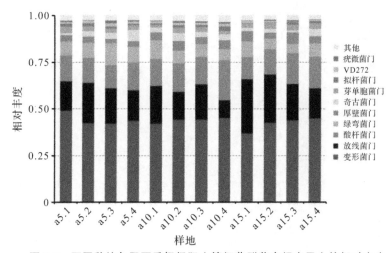

图 7-2　不同种植年限下香榧根际土壤细菌群落在门水平上的相对丰度

线菌门（Actinobacteria）、酸杆菌门（Acidobacteria）、绿弯菌门（Chloroflexi）、厚壁菌门（Firmicutes）、奇古菌门（Thaumarchaeota）、芽单胞菌门（Gemmatimonadetes）和拟杆菌门（Bacteroidetes）。这说明变形菌门、放线

菌门、酸杆菌门、绿弯菌门、厚壁菌门为香榧根际土壤的优势菌群,上述门细菌数分别占在 5 年、10 年、15 年香榧林地土壤中细菌总数的 88.20%、88.38%、90.80%(见图 7-2)。

根据所有样品在细菌目水平的物种注释及丰度信息,选取丰度排名前 35 名的目(大约占总数的 87.0%),根据其在每个处理中的丰度信息,从物种和样品 2 个层面进行聚类,绘制成热图。如图 7-3 所示,细菌群落的组分随香榧种植年限发生明显变化。其中,相对丰度大于 10% 的细菌目有根瘤菌目(Rhizobiales)和红螺细菌目(Rhodospirillales);相对丰度大于 5% 的有黄单胞菌目(Xanthomonadales)、弗兰克氏菌目(Frankiales)和酸杆菌目(Acidobacteriales);相对丰度大于 1% 的有鞘脂单胞菌目(Sphingomonadales)、

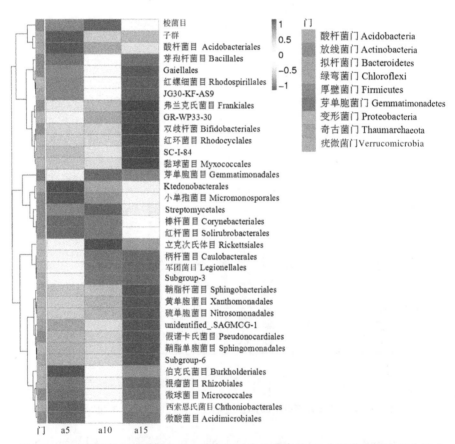

图 7-3 不同种植年限下香榧根际土壤中相对丰度最高的 35 个细菌群落在目水平上的热图

芽单胞菌目(Gemmatimonadales)、伯克氏菌目(Burkholderiales)、Ktedonobacterales、鞘脂杆菌目(Sphingobacteriales)、黏球菌目(Myxococcales)、芽孢杆菌目(Bacillales)、柄杆菌目(Caulobacterales)、土壤红杆菌目(Solirubrobacterales)、小单孢菌目(Micromonosporales)、Gaiellales、酸微菌目(Acidimicrobiales)。

对不同种植年限间细菌群落的比较发现(见图 7-3),种植 5 年香榧根际土壤中丰度显著增加的细菌群落主要为土壤红杆菌目、伯克氏菌目、根瘤菌目和微酸菌目;种植 10 年显著增加的细菌群落为柄杆菌目;种植 15 年显著增加的细菌群落则为芽孢杆菌目、Gaiellales、红螺细菌目、弗兰克氏菌目、黏球菌目和芽单胞菌目。随着种植年限的增加,相对丰度逐渐减少的细菌目主要有根瘤菌目和酸微菌目。其中,酸微菌目的相对丰度与土壤 C/N 呈显著负相关($r=-0.68$,$P=0.04$)。随着种植年限的增加,相对丰度逐渐增加的细菌目主要有芽孢杆菌目和红螺细菌目。其中,芽孢杆菌目的相对丰度与土壤全钾含量呈显著负相关($r=-0.80$,$P=0.01$);红螺细菌目的相对丰度与土壤全钾和碱解氮含量呈显著负相关($r=-0.73$,$P=0.03$;$r=-0.78$,$P=0.01$),与土壤全氮含量呈显著正相关($r=0.84$,$P=0.01$)。种植 5 年和 10 年香榧根际土壤中的相对丰度大于 15 年的相对丰度的细菌目主要有鞘脂杆菌目、黄单胞菌目、鞘脂单胞菌目,这与全氮含量呈显著负相关($r<0$,$P<0.05$)。种植 10 年和 15 年香榧根际土壤中的相对丰度大于 5 年的相对丰度的细菌目为酸杆菌目,这与全钾含量呈显著负相关($r=-0.78$,$P=0.01$),与全氮含量呈显著正相关($r=0.68$,$P=0.04$)。这说明不同种植年限的土壤中各自富集了多个丰度较高的细菌目,这些细菌目对根系的生长和功能完善可能发挥重要作用。此外,随种植年限的增加,这些细菌目相对丰度的变化可能受相关土壤环境因子的影响。

三、不同种植年限下香榧根际土壤真菌多样性和群落结构的变化

ITS1 区的高通量测序结果显示,12 个样本共获得有效序列 915386 条,平均长度为 227bp,测序覆盖率在 $75.56\%\sim94.50\%$。这样的测序深度基本可以反映该区域细菌群落种类和结构,可以定量比较整个群落组成和多样性的相对差异。

如表 7-3 所示,香榧根际土壤真菌菌群 Chao1 指数和 ACE 指数随种植年限的增加而显著降低($P<0.05$);种植 10 年的香榧根际土壤真菌群落 Shannon 指数和 Simpson 指数则显著高于 5 年和 15 年的($P<0.05$)。这说

明香榧种植年限增加导致真菌群落丰度下降,种植年限显著影响真菌的丰度和多样性,其影响程度在不同种植年限中差异较大。

表 7-3　不同种植年限下香榧根际土壤真菌多样性与丰度

种植年限/年	Chao1 指数	ACE 指数	Shannon 指数	Simpson 指数
5	1814a	1890a	6.69b	0.95b
10	1728b	1775b	7.48a	0.98a
15	1565c	1611c	6.48b	0.96b

对不同种植年限下香榧林地土壤真菌群落结构进行 NMDS 分析,结果显示,相同种植年限土壤真菌群落聚在一起,不同种植年限之间则能明显分开。这说明不同种植年限下香榧林地土壤真菌群落结构存在显著性差异(见图 7-4)。

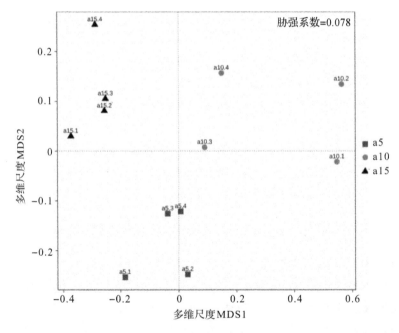

图 7-4　不同种植年限下香榧根际土壤真菌群落基于 OTU 水平的 NMDS 分析

测序结果表明,从香榧根际土壤中鉴定得到的真菌主要来自 5 门,包括子囊菌门(Ascomycota)、担子菌门(Basidiomycota)、接合菌门(Zygomycota)、球囊菌门(Glomeromycota)和壶菌门(Chytridiomycota)。其中,优势群落为子囊菌门、担子菌门、接合菌门,上述门的真菌数累计分别占在5年、10年和15年香榧土壤中真菌总数的98.57%、97.68%、98.42%(见图7-5)。

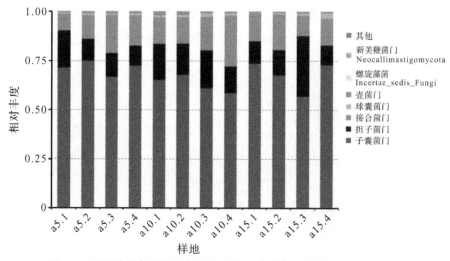

图 7-5　不同种植年限下香榧根际土壤真菌群落在门水平上的相对丰度

　　根据所有样品在真菌目水平的物种注释及丰度信息,选取丰度排名前35名的目(大约占总数的75.9%),根据其在每个处理中的丰度信息,从物种和样品2个层面进行聚类,绘制成热图(见图7-6)。分析表明,真菌群落的组分随香榧种植年限发生显著变化。其中,相对丰度大于10%的真菌目有被孢霉目(Mortierellales);相对丰度大于5%的为毛霉目(Mucorales)、粪壳菌目(Sordariales)、曲霉目(Eurotiales)、Chaetosphaeriales;相对丰度大于1%的有煤炱目(Capnodiales)、黄枝衣目(Teloschistales)、伞菌目(Agaricales)、黑孢壳目(Melanosporales)、Archaeorhizomycetales、银耳目(Tremellales)。

　　对不同种植年限间真菌群落进行比较发现(见图7-6),种植5年香榧根际土壤真菌群落中的黑孢壳目、Chaetosphaeriales、银耳目、粪壳菌目的相对丰度较高;种植10年显著增加的真菌群落为伞菌目、被孢霉目、Archaeorhizomycetales、黄枝衣目、毛霉目、曲霉目;种植15年显著增加的真菌群落则为煤炱目。这说明不同种植年限下香榧根际微生物真菌群落丰度差异显著。在香榧土壤真菌群落中占据优势的被孢霉目、毛霉目、曲霉目,在 10 年种植年限中相对丰度较高;随着种植年限的增加,丰度显著降低。其中,曲霉目的相对丰度与土壤碱解氮含量呈显著正相关($r=0.62$,$P=0.04$),与土壤速效钾含量呈显著负相关($r=-0.72$,$P=0.03$)。而粪壳菌目、Chaetosphaeriales 在 5 年种植年限中相对丰度较高。其中,粪壳菌目的相对丰度与土壤 C/N 和 pH 呈显著负相关($r=-0.63$,$P=0.03$;$r=-0.89$,$P=0.001$)。这说明真菌群落组成在不同种植年限间具有较大差异,可能受相关土壤环境因子的影响。

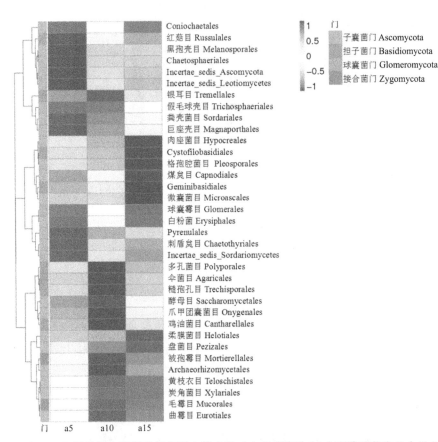

图 7-6 不同种植年限下香榧根际土壤中相对丰度最高的 35 个真菌群落在目水平上的热图

四、香榧根际土壤性质对细菌和真菌群落结构的影响

采用 Mantel 检验分析环境因子和细菌群落结构的关系,其中细菌群落

数据为样品中 OTU 的相对丰度,环境因子为相应的土壤化学性质。结果显示,土壤细菌群落结构与环境因子之间呈极显著相关($P<0.01$)。主要体现在种植年限、有机质含量、全氮含量、碳氮比呈极显著相关关系碳氮比($P<0.01$)。碱解氮含量和全钾含量也是重要的影响因子($P<0.05$)。其中,物种丰度与碳氮比相关性最大(见表 7-4)。

表 7-4　香榧根际土壤理化性质与细菌和真菌群落结构的相关性

指标	全部因子	种植年限	pH	有机质含量	碳氮比	全氮含量	全磷含量	全钾含量	碱解氮含量	有效磷含量	速效钾含量
细菌群落	**0.427****	**0.466****	0.088	**0.423****	**0.525****	**0.376****	0.161	**0.369***	**0.427***	0.071	0.092
真菌群落	**0.404****	**0.390****	0.077	**0.417****	**0.330***	**0.342****	0.192	0.082	0.241	0.247	0.459

注:表中粗体的数值表示显著相关;* 表示 $P<0.05$,** 表示 $P<0.01$。下同。

通过 Mantel 检验分析土壤真菌群落结构与土壤化学性质之间的相关性。不同种植年限真菌群落的变化梯度是由几个因素共同决定的。所有的变量中,种植年限、有机质含量、全氮含量与真菌群落组成最密切相关($P<0.01$),碳氮比也是重要的影响因子($P<0.05$)(见表 7-4)。然而,碱解氮含量和全钾含量对真菌群落结构没有显著影响。

五、小结与讨论

香榧是我国特有的经济树种,由于长期单一化种植,香榧林地土壤酸化,存在着潜在的地力衰退趋势。土壤微生物与土壤养分相互影响,共同推动土壤质量的变化。目前,对香榧林地土壤质量的检测大多只停留在对土壤理化性质的描述,关于土壤微生物多样性方面的研究几乎没有。而随着种植年限的增加,香榧林地土壤细菌、真菌群落结构存在显著变化。试验中选择的样地属同一气候区域,加之位于同一海拔,采用相同模式进行管理,样地的气候、土壤类型、管理模式均无差异。因此,研究中香榧根际微生物群落多样性的差异主要反映长期人工种植香榧所产生的效应。Chaparro 等(2014)研究发现不同发育时期拟南芥根际分泌物的不同导致其根际微生物组成发生变化。本研究 NMDS 分析结果显示,不同种植年限下香榧根际土壤细菌和真菌群落结构存在较大改变,推测可能与长期施肥和根际分泌物积累有关。

对土壤理化性质的分析发现,随种植年限的增加,有机质、全氮及碱解氮含量显著降低,这可能与香榧经营措施有关。香榧是针叶树种,主要采用单树种经营,随着香榧的生长,对养分需求量变大,而针叶树种由于其特有的生物学特性,单一树种纯林的凋落物量较少,凋落物中营养元素含量较低,分解速率较低,林地凋落物积累不足,导致林地土壤有机质含量下降。土壤有机质的积累与分解状况决定氮元素的供应,所以香榧林地土壤有机质含量下降有可能导致全氮及碱解氮含量降低。本研究还发现,有机质、全氮、碱解氮是影响香榧根际土壤细菌、真菌群落结构和多样性的重要因子。这与戴雅婷等(2017)、Siles 等(2016)的研究结果相似。因此,在今后的香榧林地管理过程中,对种植年限较长的香榧树应该增施有机肥,提高土壤微生物多样性,改善林地土壤质量。

对细菌群落结构的分析发现,随着香榧种植年限的增加,土壤细菌群落组分发生变化。在香榧土壤细菌群落中占据优势的根瘤菌目,随着种植年限的增加,相对丰度逐渐减少。而根瘤菌目中大部分细菌都能固氮,为地上植物提供营养。值得关注的是,土壤微生物大都适宜在中性的土壤中生长,固氮菌在土壤 pH 为 6～7 的土壤中占优势,而本实验中香榧林地土壤 pH 为 4～5,无疑会造成固氮微生物活性下降,而且随着种植年限的增加,根瘤菌目的相对丰度逐渐减少,推测根瘤菌目等菌群丰度的逐年降低是造成香榧林地地力衰退的原因之一,但具体的作用和调控机制尚需进一步研究。

对真菌群落结构的分析发现,相对丰度大于 1‰、随种植年限增加而相对丰度显著增加的真菌只有煤炱目。马玲等(2015)研究表明,连作栽培后,马铃薯土壤真菌中,煤炱目的比例随连作年限的增加而下降。而本研究中煤炱目的比例随香榧种植年限的增加而增加。且煤炱目的相对丰度与土壤 C/N 和全磷含量呈显著正相关($r=0.60, P=0.04; r=0.67, P=0.05$),与土壤有机质和全钾含量呈显著负相关($r=-0.80, P=0.01; r=-0.67, P=0.03$)。因此,煤炱目是否跟香榧林地地力衰退现象有关还需进一步探讨。曲霉目、粪壳菌目的相对丰度与碱解氮、速效钾等土壤养分含量呈显著相关性,且随种植年限的增加显著降低。这些微生物大部分在土壤中腐生,少数寄生。有研究表明,真菌在土壤营养元素循环中具有重要作用。而腐生性微生物通过分解林下植被掉落物为土壤提供养分,这些养分又给真菌的生长繁殖提供营养,营养元素在真菌与林下植被之间形成循环,由此推测曲霉目、粪壳菌目等菌群丰度的变化可能与香榧林地地力衰退相关。

在研究中,用多种多样性指数分析土壤微生物多样性。高通量测序结果显示,不同种植年限下香榧根际土壤细菌群落均匀度指数无显著变化,但细菌群落丰度和多样性在种植 15 年香榧土壤中较种植 5 年和 10 年的土壤显著降低($P<0.05$)。目前对香榧林地土壤细菌群落的研究较少,但相关研究发现,杨树、杉木等连作均会造成土壤细菌丰度和多样性出现不同程度的降低。然而,不同种植年限下香榧根际土壤真菌群落多样性和均匀度在种植 10 年香榧中较种植 5 年和 15 年显著升高($P<0.05$),随着种植年限的增加,真菌群落丰度逐渐降低。由此说明,不同种植年限下香榧对根际定殖的真菌群落存在一定的选择性。土壤真菌参与植物残体的分解,从而推动土壤中碳、氮循环过程。根际对土壤真菌的选择影响了植物与微生物的互作关系。相关研究表明,群落的多样性有助于提高生态系统的生产力、稳定性和可持续性。长期人工种植香榧导致土壤微生物多样性出现不同程度的下降,香榧根际微生态环境遭到一定程度的破坏。可能原因是香榧长期种植过程中,根际分泌物的积累改变了土壤微生态环境,不利于根瘤菌目、粪壳菌目等微生物的生长,导致土壤微生物多样性下降。

第二节 诸暨不同海拔香榧根际土壤微生物多样性研究

香榧在凝灰岩和流纹岩发育形成的土壤上分布最多,通过对诸暨赵家镇(流纹岩)不同海拔香榧根际土壤微生物群落组成及多样性、土壤性质进行研究,了解诸暨香榧林的优势种群,分析不同海拔土壤微生物及土壤性状的差异,为改善香榧林地土壤质量和制定标准化施肥管理提供理论依据。

一、不同海拔对诸暨香榧根际土壤化学性质的影响

由表 7-5 可以看出,诸暨不同海拔香榧根际土壤化学性质差异显著($P<0.05$)。随着海拔高度的增加,土壤全磷含量显著增加($P<0.05$)。其中,海拔 300m 处土壤 pH、全氮与有效磷含量最高,碳氮比、全钾含量最低;海拔 200m 处土壤碱解氮与速效钾含量最高;土壤有机质含量在海拔 250m 处最低。

表 7-5　诸暨不同海拔香榧根际土壤化学性质

海拔/m	pH	碳氮比	有机质含量/%	全氮含量/%	全磷含量/%	全钾含量/%	碱解氮含量/(mg/kg)	有效磷含量/(mg/kg)	速效钾含量/(mg/kg)
200	5.60± 0.68b	8.11± 0.39a	1.66± 0.08a	0.11± 0.01b	0.04± 0.01c	0.71± 0.06b	99.52± 6.19a	142.11± 30.69b	362.39± 49.11a
250	6.22± 0.37b	8.40± 0.70a	1.50± 0.10b	0.10± 0.01c	0.17± 0.06b	0.96± 0.07a	79.31± 9.08b	92.93± 32.28c	191.61± 21.29b
300	7.28± 0.06a	7.81± 0.23b	1.69± 0.61a	0.12± 0.01a	0.47± 0.03a	0.38± 0.10c	79.53± 14.74b	276.91± 24.32a	220.72± 52.55b

二、诸暨不同海拔香榧根际土壤细菌多样性和群落结构的变化

高通量测序结果显示，12 个样本共获得有效序列 814613 条，平均长度为 415bp，测序覆盖率在 73.24%～77.94%。这样的测序深度基本可以反映该区域细菌群落种类和结构，可以定量比较整个群落组成和多样性的相对差异。

对 α-多样性指数进行统计，可以反映微生物群落的丰度和多样性。结果表明，不同海拔高度香榧根际土壤样本中 Simpson 指数无明显变化（见表 7-6），说明处理间样品均匀度较高。随海拔高度的增加，Shannon 指数、Chao1 指数和 ACE 指数显著增加（$P<0.05$），表明香榧适合生长在相对较高海拔处，这有利于增加细菌群落多样性和丰度。相关性分析表明，Shannon 指数、Chao1 指数与土壤全磷含量呈现显著正相关（$r=0.48$，$P=0.01$；$r=0.56$，$P=0.02$），全磷可能对不同海拔香榧土壤细菌群落结构具有调控作用。对 α-多样性指数进行统计，可以反映微生物群落的丰度和多样性。结果表明，不同海拔高度香榧根际土壤样本中 Simpson 指数无明显变化（见表 7-6），说明样品均匀度较高。随海拔高度的增加，Shannon 指数、Chao1 指数和 ACE 指数显著增加（$P<0.05$），表明香榧适合生长在相对较高海拔处，这有利于增加细菌群落多样性和丰度。相关性分析表明，Shannon 指数、Chao1 指数与土壤全磷含量呈现显著正相关（$r=0.48$，$P=0.01$；$r=0.56$，$P=0.02$），全磷可能对不同海拔香榧根际土壤细菌群落结构具有调控作用。

表 7-6　诸暨不同海拔香榧根际土壤细菌多样性与丰度

海拔/m	Chao1 指数	ACE 指数	Shannon 指数	Simpson 指数
200	3377c	3394c	9.37c	0.99a
250	3736b	3777b	9.50b	0.99a
300	4148a	4183a	10.24a	0.99a

　　本实验通过主成分分析法(PCoA)，比较不同样品细菌群落结构的差异。基于(Un)Weighted Unifrac 距离 PCoA 显示(见图 7-7)，第一主坐标(PC1)贡献率达到 19.73%，第二主坐标(PC2)贡献率达到 11.26%，累积贡献率达 30.99%。海拔 200m 与海拔 250m 组在 PC1 明显分离。在 PC2 上，海拔 250m 与海拔 300m 组明显分离。这说明随海拔高度增加，土壤细菌群落结构逐渐产生差异。

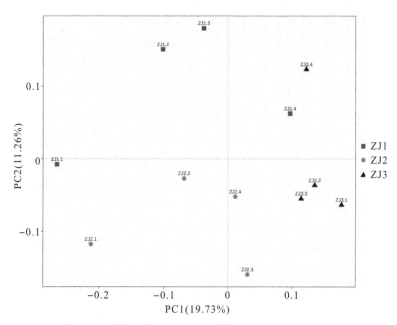

图 7-7　诸暨不同海拔香榧根际土壤细菌群落基于(Un)Weighted Unifrac
　　　　距离 PCoA

注：ZJ1 表示诸暨海拔 200m；ZJ2 表示诸暨海拔 250m；ZJ3 表示诸暨海拔 300m。下同。

根据物种注释结果,选取每个样品在门水平上最大丰度排名前 10 名的物种,产生物种相对丰度柱形累加图(见图 7-8)。从香榧根际土壤中鉴定得到的细菌主要来自 9 门,大约占了 95%,分属变形菌门(Proteobacteria)、放线菌门(Actinobacteria)、酸杆菌门(Acidobacteria)、奇古菌门(Thaumarchaeota)、厚壁菌门(Firmicutes)、绿弯菌门(Chloroflexi)、拟杆菌门(Bacteroidetes)、芽单胞菌门(Gemmatimonadetes)和硝化螺旋菌门(Nitrospirae)。这说明变形菌门、放线菌门、酸杆菌门、奇古菌门和厚壁菌门为香榧根际土壤的优势菌群,上述门累计在海拔 200m、250m 和 300m 处香榧土壤中分别占细菌总数的 81.85%、83.30% 和 81.35%(见图 7-8)。

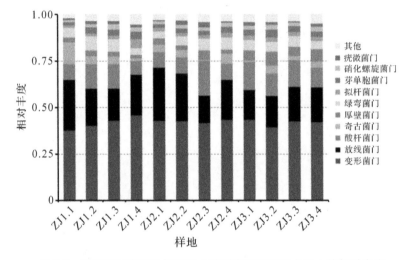

图 7-8 诸暨不同海拔香榧根际土壤细菌群落在门水平上的相对丰度

根据所有样品在细菌目水平的物种注释及丰度信息,选取丰度排名前 35 名的目(大约占总数的 80.8%),根据其在每个处理中的丰度信息,从物种和样品 2 个层面进行聚类,绘制成热图。如图 7-9 所示,细菌群落的组分随香榧种植年限发生明显改变。其中,相对丰度大于 10% 的细菌目有根瘤菌目(Rhizobiales);相对丰度大于 5% 的有红螺细菌目(Rhodospirillales)和酸杆菌目(Acidobacteriales);相对丰度大于 1% 的有芽孢杆菌目(Bacillales)、硝化螺旋菌目(Nitrospirales)、弗兰克氏菌目(Frankiales)、伯克氏菌目(Burkholderiales)、黄单胞菌目(Xanthomonadales)、芽单胞菌目(Gemmatimonadales)、土壤红杆菌目(Solirubrobacterales)、鞘脂单胞菌目

（Sphingomonadales）、鞘脂杆菌目（Sphingobacteriales）、酸微菌目
（Acidimicrobiales）、Gaiellales、黏球菌目（Myxococcales）、亚硝化单胞菌目
（Nitrosomonadales）和微球菌目（Micrococcales）。

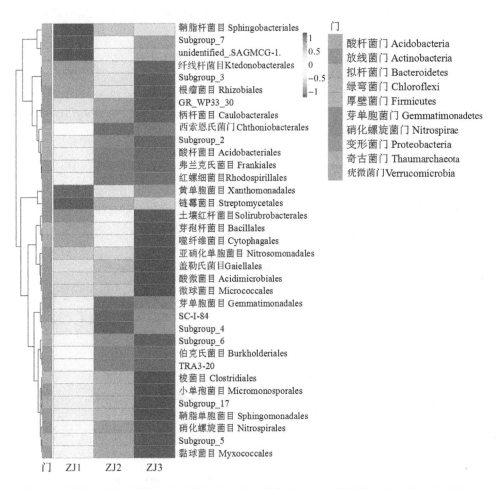

图 7-9　诸暨不同海拔香榧根际土壤中相对丰度最高的 35 个细菌群落在目水平上的热图

对不同海拔细菌群落比较发现（见图 7-9），海拔 200m 处香榧根际土壤
中丰度显著增加的细菌群落主要为鞘脂杆菌目和根瘤菌目；海拔 250m 处显
著增加的为酸杆菌目、弗兰克氏菌目、红螺细菌目和黄单胞菌目；海拔 300m
处显著增加的为土壤红杆菌目、芽孢杆菌目、亚硝化单胞菌目、Gaiellales、酸
微菌目、微球菌目、芽单胞菌目、伯克氏菌目、鞘脂单胞菌目、黏球菌目。其

中,随着海拔高度的增加,相对丰度逐渐减少的目主要有根瘤菌目。随着海拔高度的增加,相对丰度逐渐增加的目主要有芽孢杆菌目和亚硝化单胞菌目。

三、诸暨不同海拔香榧根际土壤真菌多样性和群落结构的变化

ITS1 区的高通量测序结果显示,12 个样本共获得有效序列 995593 条,平均长度为 227bp,测序覆盖率在 83.88%～91.71%。这样的测序深度基本可以反映该区域真菌群落种类和结构,可以定量比较整个群落组成和多样性的相对差异。

对 α-多样性指数进行统计,可以反映微生物群落的丰度和多样性。如表 7-7 所示,海拔 200m 处香榧根际土壤真菌 Chao1 指数和 ACE 指数显著增加($P<0.05$);海拔 250m 处香榧根际土壤真菌 Shannon 指数和 Simpson 指数则显著低于 200m 处的和 300m 处的($P<0.05$)。这说明海拔高度影响真菌的丰度和多样性。

表 7-7　诸暨不同海拔香榧根际土壤真菌多样性与丰度

海拔/m	Chao1 指数	ACE 指数	Shannon 指数	Simpson 指数
200	2520a	2245a	6.87a	0.97a
250	1778b	1807b	5.73b	0.89b
300	1862b	1895b	6.90a	0.96a

本实验通过 PCoA 比较不同样品真菌群落结构的差异。对诸暨不同海拔香榧林地土壤真菌群落结构进行 PCoA,显示各个海拔在 PC1 上分离度较小,而在 PC2 上能明显分离。这说明海拔高度对诸暨香榧林地土壤真菌群落结构的影响较小(见图 7-10)。

测序结果表明,从香榧根际土壤中鉴定得到的真菌主要来自 3 门,包括子囊菌门(Ascomycota)、担子菌门(Basidiomycota)和接合菌门(Zygomycota)。其中,优势菌群为子囊菌门,在海拔 200m、250m 和 300m 处香榧土壤中分别占真菌总数的 82.21%、81.28%、82.19%(见图 7-11)。

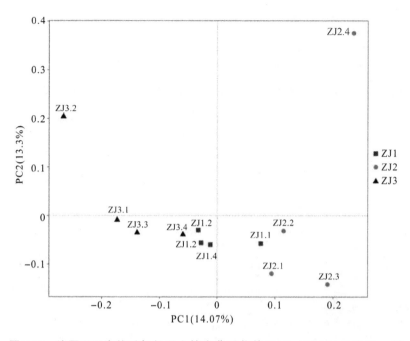

图 7-10　诸暨不同海拔香榧根际土壤真菌群落基于（Un）Weighted Unifrac 距离 PCoA

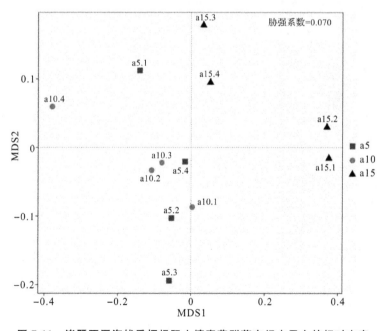

图 7-11　诸暨不同海拔香榧根际土壤真菌群落在门水平上的相对丰度

根据所有样品在真菌目水平的物种注释及丰度信息,选取丰度排名前35名的目(大约占总数的 85.3%),根据其在每个处理中的丰度信息,从物种和样品 2 个层面进行聚类,绘制成热图(见图 7-12)。分析表明,真菌群落的组分随香榧海拔的变化发生显著改变。其中,相对丰度大于 10% 的真菌目有肉座菌目(Hypocreales)、小囊菌目(Microascales);相对丰度大于 5% 的有粪壳菌目(Sordariales)、曲霉目(Eurotiales);相对丰度大于 1% 的有煤炱目(Capnodiales)、爪甲团囊菌目(Onygenales)、Archaeorhizomycetales、盘菌目(Pezizales)、格孢腔菌目(Pleosporales)、被孢霉目(Mortierellales)、伞菌目(Agaricales)、Monoblepharidales。

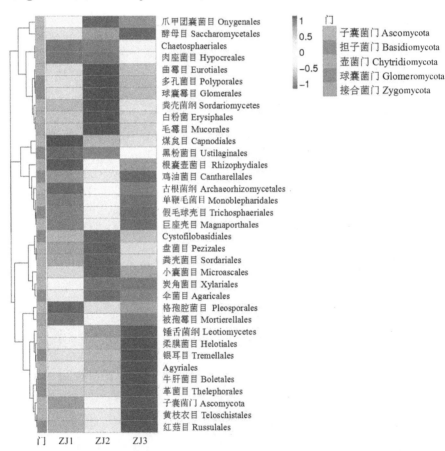

图 7-12　诸暨不同海拔香榧根际土壤中相对丰度最高的 35 个真菌群落在目水平上的热图

对香榧不同海拔真菌类群比较发现(见图 7-12),海拔 200m 处香榧根际土壤真菌群落中,煤炱目、Archaeorhizomycetales、Monoblepharidales 的相对丰度较高。海拔 250m 处,相对丰度显著增加的为爪甲团囊菌目、肉座菌目、曲霉目。海拔 300m 处,相对丰度显著增加的则为格孢腔菌目、被孢霉目、伞菌目、小囊菌目。这说明诸暨不同海拔香榧根际微生物真菌群落丰度差异显著。

四、诸暨香榧根际土壤性质对细菌和真菌群落结构的影响

采用 Mantel 检验分析环境因子和细菌群落结构的关系,其中,细菌群落数据为样品中 OTU 的相对丰度,环境因子为相应的土壤化学性质。结果显示,土壤细菌群落结构与环境因子之间呈极显著相关($P<0.01$)。主要体现在 pH 与土壤有效磷含量呈极显著相关关系($P<0.01$)。全磷也是重要的影响因子($P<0.05$)。其中,物种丰度与 pH 相关性最大(见表 7-8)。

表 7-8　诸暨香榧根际土壤理化性质与细菌和真菌群落结构的相关性

指标	全部因子	海拔	pH	有机质含量	碳氮比	全氮含量	全磷含量	全钾含量	碱解氮含量	有效磷含量	速效钾含量
细菌群落	**0.383****	0.222	**0.834****	0.036	0.145	0.015	**0.274***	0.082	0.009	**0.571****	0.054
真菌群落	0.03	0.1	0.069	0.19	**0.456***	0.078	0.171	0.146	0.021	0.098	0.13

通过 Mantel 检验分析土壤真菌群落结构与土壤化学性质之间的相关性。与细菌不同,碳氮比是影响诸暨不同海拔真菌群落结构变化的主要因子(见表 7-8)。

五、小结与讨论

试验地土壤的成土母岩主要为流纹岩,加上所有香榧种植年限均为 15 年左右,采用相同模式进行管理,样地的气候、管理模式均无差异,因此,本研究中香榧根际微生物群落多样性的差异主要是由海拔不同造成的。对土壤理化性质的分析发现,海拔 200m 和 250m 处香榧林地土壤呈弱酸性,而海拔 300m 处为中性土壤,且海拔 300m 处土壤有机质、全氮、全磷和有效磷含量最高。这可能与土壤酸碱性对胶体带电性的影响有关:土壤环境 pH 高时,土壤保肥性、供肥性增强;pH 低时,土壤保肥、供肥能力相应降低。因

此,海拔300m处土壤养分含量较高。磷是植物必需的大量元素之一,而我国土壤普遍缺磷,主要是施入的磷肥与土壤中的Ca^{2+}、Fe^{3+}和Al^{3+}结合而失去有效性。而将解磷微生物作为生物肥料施入土壤,可以提高土壤中磷的利用效率,促进农作物增产。相关研究发现,假单胞杆菌、芽孢杆菌和根瘤菌的许多菌株均具有强大的解磷功能。本实验发现,芽孢杆菌目在海拔300m处相对丰度最高,全磷和有效磷含量也在300m处最高,且芽孢杆菌目的相对丰度与土壤全磷和有效磷含量呈显著正相关($r=0.59$,$P=0.03$;$r=0.68$,$P=0.01$)。而Mantel检验显示,pH、全磷和有效磷含量与细菌群落结构变化显著相关,表明磷含量升高对细菌群落结构产生较大的影响。由此推测芽孢杆菌目中含有大量的解磷微生物,然而具体的解磷微生物与香榧互作机制还需要进一步验证。

根瘤菌在作物根际大量生长繁殖,因此能减少病原微生物繁殖的机会;同时,根瘤菌可以诱导植物产生抗性,减少作物发病的概率,提高抗病性。大豆在接种根瘤菌后,可以减少氮肥的施用量,缓解和改善大豆重迎茬以及根腐病,提高作物的品质和产量;且能减轻因大量施肥造成的环境污染。此外,根瘤菌在提高作物的抗旱能力及重金属等污染土壤修复中发挥重要作用。而本研究中,诸暨主产区不同海拔香榧根际土壤细菌群落中,根瘤菌目占优势地位,并随着海拔高度的增加,相对丰度逐渐减少,在海拔200m、250m、300m处香榧土壤中分别占细菌总数的10.00%、9.82%、9.09%。这说明根瘤菌目在香榧林地土壤中广泛存在,受海拔变化影响较大。而根瘤菌目是变形菌门中的一目,其中许多科有固氮作用。翁永发等(2011)在香榧容器苗培育过程中,选用固氮菌、解磷菌及其混合菌进行菌肥实验时发现,菌肥对香榧苗木地径生长有一定的促进作用。因此,我们猜测固氮菌和解磷菌在诸暨香榧林地大量存在,并且对香榧生长及果实品质有重要影响,建议在今后的香榧经营管理过程中可以增施菌肥,减少氮肥的施用量,促进香榧产业可持续发展。

高通量测序结果显示,不同海拔香榧根际土壤微生物群落组成的均匀度较高,且物种丰富。诸暨香榧林地细菌群落多样性在海拔300m处最高,而真菌群落多样性在海拔200m处最高。PCoA结果显示,2个主坐标基本能区分不同海拔土壤细菌群落特征,但不能明显区分真菌群落特征。Mantel检验也发现,海拔对细菌和真菌群落结构没有显著影响,pH和C/N分别是影响诸暨不同海拔细菌和真菌群落结构变化的主要因子。据报道,土壤细菌多样性的海拔分布没有明确倾向于某种分布模式,表现为无趋势、下降、单峰或者下凹型等多种海拔分布格局;土壤真菌物种丰度呈现不同的海拔分布模式,大量研究发现菌根真菌随海拔下降或呈单峰的模式。而本研究中,香榧林地土壤细菌真菌多样性变化与报道中的有关趋势不相符,这说明香榧具有特有的根际土壤微生物群落结构,受土壤 pH 和 C/N 的影响较大。

杨帆(2017)利用高通量测序技术,分析了马尾松人工林土壤细菌群落组成,其主要是由变形菌门、酸杆菌门和放线菌门组成,还包括绿弯菌门、疣微菌门、拟杆菌门、硝化螺旋菌门、浮霉菌门(Planctomycetes)、厚壁菌门等。而本研究中,诸暨香榧林地主要的细菌群落分属变形菌门、放线菌门、酸杆菌门、绿弯菌门、厚壁菌门、奇古菌门、芽单胞菌门和拟杆菌门。这与杨帆(2017)的结果相近,说明香榧林与马尾松林主要细菌门相近,但香榧林存在相对丰度较大的奇古菌门和芽单胞菌门。魏晓晓(2017)分析了杉木林土壤特性,在真菌门分类水平上共鉴定到 5 个类群,相对丰度大于 1% 的类群有子囊菌门、担子菌门和球囊菌门,其中子囊菌门为优势菌门。而本研究中,诸暨香榧林地根际土壤真菌主要来自 3 门,包括子囊菌门、担子菌门和接合菌门,其中子囊菌门在不同海拔的相对丰度均达到 80% 以上,与魏晓晓(2017)研究结果较一致,但是子囊菌门相对丰度高很多。子囊菌门的真菌都是寄生或腐生,对人类生活非常重要的有酵母菌、冬虫夏草、青霉菌、可以食用的羊肚菌等,也有很多种为植物致病菌。其中,相对丰度最大的真菌目为肉座菌目、小囊菌目、粪壳菌目、曲霉目,均属于子囊菌门。由此猜测奇古菌门、芽单胞菌门和子囊菌门是构成香榧特有的根际土壤微生物群落的主要门类。

第三节　临安不同海拔香榧根际土壤微生物多样性研究

香榧对不同类型的土壤都具有较强的适应性,从砂页岩到石灰岩发育的土壤上均有香榧分布。临安玲珑镇高山村香榧林地土壤主要由石灰岩发育。因此,通过对临安高山村不同海拔香榧根际土壤微生物群落组成及多样性、土壤性质等进行研究,了解临安香榧根际土壤的优势菌群,分析土壤微生物群落变化与土壤性状之间的相关性,为改善香榧林地土壤质量和制定施肥管理标准提供理论依据。

一、不同海拔对临安香榧根际土壤化学性质的影响

由表 7-9 可以看出,不同海拔香榧根际土壤化学性质差异显著($P<$0.05)。随着海拔高度的增加,土壤 pH 显著降低($P<0.05$)。其中,海拔 450m 有机质、全磷、碱解氮和有效磷含量最高,速效钾含量最低。海拔 400m 处土壤全钾、速效钾含量最高,全磷和碱解氮含量最低。而全氮含量和碳氮比在三个海拔间差异不显著。

表 7-9　临安不同海拔香榧根际土壤化学性质

海拔/m	pH	碳氮比	有机质含量/%	全氮含量/%	全磷含量/%	全钾含量/%	碱解氮含量/(mg/kg)	有效磷含量/(mg/kg)	速效钾含量/(mg/kg)
350	7.96±0.01a	9.10±0.79a	3.00±0.14a	0.21±0.01a	0.18±0.05b	0.32±0.03b	152.06±10.04b	41.36±9.81b	366.82±24.47b
400	7.85±0.03b	8.34±0.73a	2.83±0.25b	0.21±0.02a	0.06±0.01c	0.62±0.10a	126.92±12.60c	73.19±21.54b	505.63±25.39a
450	4.34±0.06c	9.22±0.80a	3.57±0.30a	0.22±0.01a	0.40±0.04a	0.33±0.05b	185.90±2.47a	195.44±97.86a	179.89±51.17c

二、临安不同海拔香榧根际土壤细菌多样性和群落结构的变化

高通量测序结果显示,12 个样本共获得有效序列 733131 条,平均长度为 415bp,测序覆盖率在 71.05%～76.85%。这样的测序深度基本可以反映该区域细菌群落种类和结构,可以定量比较整个群落组成和多样性的相对差异。

对 α-多样性指数进行统计,可以反映微生物群落的丰度和多样性。结果表明,随海拔高度的增加,细菌群落 Chao1 指数和 ACE 指数显著降低($P<0.05$),Shannon 指数也在海拔 450m 处最低。而不同海拔高度香榧根际土壤样本中,Simpson 指数无明显变化(见表 7-10)。

本实验通过 PCoA 比较不同样品细菌群落结构的差异。基于 OTU 水平的 PCoA 分析,第一主成分(PC1)贡献率达到 27%,第二主成分(PC2)贡献率达到 10.71%,累积贡献率达 37.71%。从图 7-13 可以看出,不同海拔在 PC1 和 PC2 上逐渐分离,且在 PC2 上的分离较大。这说明随海拔高度增

加,土壤细菌群落结构逐渐产生差异。

表 7-10　临安不同海拔香榧根际土壤细菌多样性与丰度

海拔/m	Chao1 指数	ACE 指数	Shannon 指数	Simpson 指数
350	3389a	3387a	9.55a	0.98a
400	2996b	3047b	9.69a	0.99a
450	2548c	2028c	8.39b	0.99a

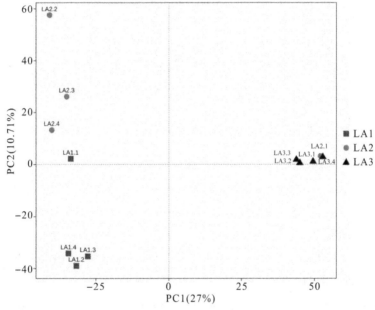

图 7-13　临安不同海拔香榧根际土壤细菌群落基于 OTU 水平的 PCoA

注:LA1 表示临安海拔 350m;LA2 表示临安海拔 400m;LA3 表示临安海拔 450m。下同。

　　根据物种注释结果,选取每个样品在门水平上最大丰度排名前 10 名的物种,产生物种相对丰度柱形累加图(见图 7-14)。从临安香榧根际土壤中鉴定得到的细菌主要来自 9 门(大约占 95%),分属变形菌门(Proteobacteria)、酸杆菌门(Acidobacteria)、放线菌门(Actinobacteria)、厚壁菌门(Firmicutes)、绿弯菌门(Chloroflexi)、奇古菌门(Thaumarchaeota)、拟杆菌门(Bacteroidetes)、芽单胞菌门(Gemmatimonadetes)和硝化螺旋菌门(Nitrospirae)。这说明变形菌门、酸杆菌门、放线菌门、厚壁菌门和绿弯菌门为香榧根际土壤的优势菌群,上述门的细菌数累计在海拔 350m、400m 和 450m 处香榧土壤中分别占细菌总数的 85.47%、84.04% 和 86.87%(见图 7-14)。

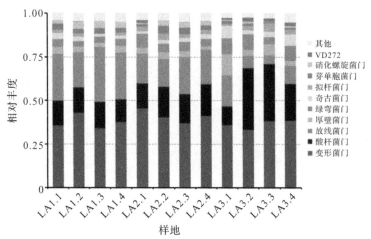

图 7-14　临安不同海拔香榧根际土壤细菌群落在门水平上的相对丰度

根据所有样品在细菌目水平的物种注释及丰度信息,选取丰度排名前35 名的目(大约占总数的 81.1%),根据其在每个处理中的丰度信息,从物种和样品 2 个层面进行聚类,绘制成热图。如图 7-15 所示,细菌群落的组分随香榧种植年限发生明显变化。其中,相对丰度大于 10% 的细菌目有红螺细菌目(Rhodospirillales);相对丰度大于 5% 的为根瘤菌目(Rhizobiales)、Gaiellales、酸微菌目(Acidimicrobiales)和黄单胞菌目(Xanthomonadales);相对丰度大于 1% 的有黏球菌目(Myxococcales)、鞘脂单胞菌目(Sphingomonadales)、芽单胞菌目(Gemmatimonadales)、土壤红杆菌目(Solirubrobacterales)、芽孢杆菌目(Bacillales)、小单孢菌目(Micromonosporales)、脱硫杆菌目(Desulfobacterales)、弗兰克氏菌目(Frankiales)、硝化螺旋菌目(Nitrospirales)、伯克氏菌目(Burkholderiales)。

对临安香榧不同海拔间细菌群落比较发现(见图 7-15),海拔 350m 处香榧根际土壤中丰度显著增加的细菌群落主要为土壤红杆菌目和硝化螺旋菌目;海拔 400m 处显著增加的为伯克氏菌目、鞘脂单胞菌目;海拔 450m 处显著增加的则为弗兰克氏菌目、黄单胞菌目、根瘤菌目、红螺细菌目、芽孢杆菌目。其中,随着海拔高度的增加,相对丰度逐渐减少的细菌目主要有土壤红

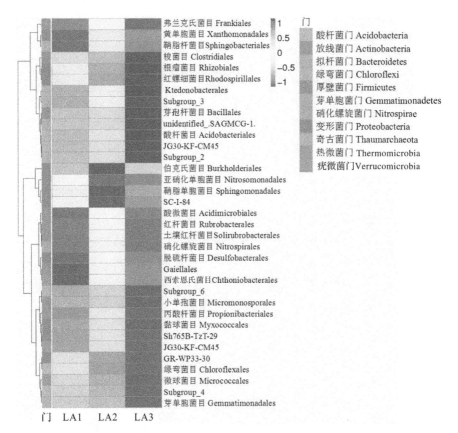

弗兰克氏菌目 Frankiales
黄单胞菌目 Xanthomonadales
鞘脂杆菌目 Sphingobacteriales
梭菌目 Clostridiales
根瘤菌目 Rhizobiales
红螺细菌目 Rhodospirillales
Ktedonobacterales
Subgroup_3
芽孢杆菌目 Bacillales
unidentified_.SAGMCG-1.
酸杆菌目 Acidobacteriales
JG30-KF-CM45
Subgroup_2
伯克氏菌目 Burkholderiales
亚硝化单胞菌目 Nitrosomonadales
鞘脂单胞菌目 Sphingomonadales
SC-I-84
酸微菌目 Acidimicrobiales
红杆菌目 Rubrobacterales
土壤红杆菌目 Solirubrobacterales
硝化螺旋菌目 Nitrospirales
脱硫杆菌目 Desulfobacterales
Gaiellales
西索恩氏菌目 Chthoniobacterales
Subgroup_6
小单孢菌目 Micromonosporales
丙酸杆菌目 Propionibacteriales
黏球菌目 Myxococcales
Sh765B-TzT-29
JG30-KF-CM45
GR-WP33-30
绿弯菌目 Chloroflexales
微球菌目 Micrococcales
Subgroup_4
芽单胞菌目 Gemmatimonadales

门
酸杆菌门 Acidobacteria
放线菌门 Actinobacteria
拟杆菌门 Bacteroidetes
绿弯菌门 Chloroflexi
厚壁菌门 Firmicutes
芽单胞菌门 Gemmatimonadetes
硝化螺旋菌门 Nitrospirae
变形菌门 Proteobacteria
奇古菌门 Thaumarchaeota
热微菌门 Thermomicrobia
疣微菌门 Verrucomicrobia

门　LA1　LA2　LA3

图7-15　临安不同海拔香榧根际土壤中相对丰度最高的35个细菌群落在目水平上的热图

杆菌目和硝化螺旋菌目。随着海拔高度的增加，相对丰度逐渐增加的主要有黄单胞菌目和弗兰克氏菌目。

三、临安不同海拔香榧根际土壤真菌多样性和群落结构的变化

ITS1区的高通量测序结果显示，12个样本共获得有效序列925149条，平均长度为225bp，测序覆盖率在84.67%～92.64%。这样的测序深度基本可以反映该区域真菌群落种类和结构，可以定量比较整个群落组成和多样性的相对差异。

对α-多样性指数进行统计，可以反映微生物群落的丰度和多样性。如表7-11所示，海拔350m处香榧根际土壤真菌群落Chao1指数和ACE指数

显著增加($P<0.05$);海拔400m处香榧根际土壤真菌群落Shannon指数显著高于海拔350m和450m处($P<0.05$),而Simpson指数无明显变化。这说明海拔高度影响真菌的丰度和多样性。

表7-11　临安不同海拔香榧根际土壤真菌多样性与丰度

海拔/m	Chao1指数	ACE指数	Shannon指数	Simpson指数
350	2031a	2101a	6.56b	0.97a
400	1685b	1809b	7.02a	0.97a
450	1706b	1779b	6.42b	0.96a

本实验通过PCoA,比较不同样品细菌群落结构的差异。基于OTU水平的PCoA分析,第一主成分(PC1)贡献率达到15.03%,第二主成分(PC2)贡献率达到11.91%,累积贡献率达26.94%。从图7-16可以看出,不同海拔的贡献率在PC1和PC2上逐渐分离,且在PC2上的分离较大。这说明随海拔高度增加,土壤真菌群落结构逐渐产生差异。

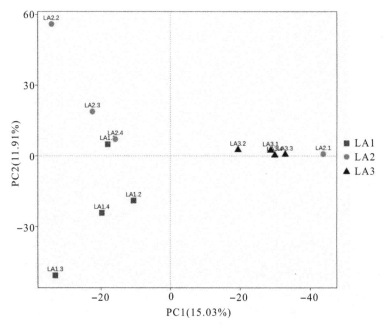

图7-16　临安不同海拔香榧根际土壤真菌群落基于OTU水平的PCoA

测序结果表明,从香榧根际土壤中鉴定得到的真菌主要来自3门,包括子囊菌门（Ascomycota）、担子菌门（Basidiomycota）和接合菌门（Zygomycota）。其中,优势菌群为子囊菌门和担子菌门,在海拔350m、400m和450m处香榧土壤中分别占真菌总数的93.51％、85.20％、95.23％（见图7-17）。

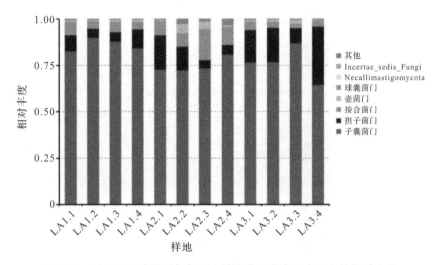

图7-17　临安不同海拔香榧根际土壤真菌群落在门水平上的相对丰度

根据所有样品在真菌目水平的物种注释及丰度信息,选取丰度排名前35名的目（大约占总数的78.6％）,根据其在每个处理中的丰度信息,从物种和样品2个层面进行聚类,绘制成热图（见图7-18）。分析表明,真菌群落的组分随海拔的变化发生显著改变。其中,相对丰度大于10％的真菌目有肉座菌目（Hypocreales）、粪壳菌目（Sordariales）;相对丰度大于5％的有格孢腔菌目（Pleosporales）;相对丰度大于1％的有小囊菌目（Microascales）、煤炱目（Capnodiales）、曲霉目（Eurotiales）、被孢霉目（Mortierellales）、Trichosporonales目、盘菌目（Pezizales）、炭角菌目（Xylariales）、巨座壳目（Magnaporthales）、爪甲团囊菌目（Onygenales）、Geminibasidiales、银耳目（Tremellales）、伞菌目（Agaricales）。

对不同海拔间香榧真菌群落比较发现（见图7-18）,海拔350m处香榧根际土壤真菌群落中,煤炱目、肉座菌目的相对丰度较高。海拔400m处显著增加的为小囊菌目、被孢霉目、曲霉目。海拔450m处显著增加的则为粪壳菌目、爪甲团囊菌目、银耳目、巨座壳目。这说明临安不同海拔香榧根际微

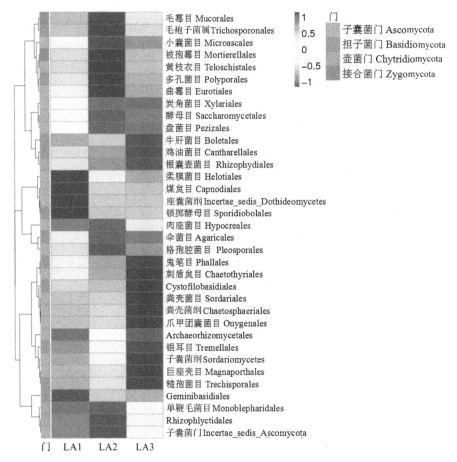

图7-18 临安不同海拔香榧根际土壤中相对丰度最高的35个真菌群落在目水平上的热图

生物真菌群落丰度差异显著。

四、临安香榧根际土壤性质对细菌和真菌群落结构的影响

采用 Mantel 检验分析环境因子和细菌群落结构的关系,其中细菌群落数据为样品中 OTU 的相对丰度,环境因子为相应的土壤化学性质。结果显示,土壤细菌群落结构与环境因子之间呈极显著相关关系($P < 0.01$)。其中,细菌群落结构与 pH 相关性最大,呈极显著相关关系($P < 0.01$)。速效钾也是重要的影响因子($P < 0.05$)。

通过 Mantel 检验分析土壤真菌群落结构与土壤化学性质之间的相关

性。与细菌相同,pH 和速效钾含量也是影响临安不同海拔真菌群落结构变化的主要因子(见表 7-12)。

表 7-12　临安香榧根际土壤理化性质与细菌和真菌群落结构的相关性

指标	全部因子	海拔	pH	有机质含量	碳氮比	全氮含量	全磷含量	全钾含量	碱解氮含量	有效磷含量	速效钾含量
细菌群落	**0.424**＊＊	**0.469**＊＊	**0.660**＊＊	0.104	0.034	0.067	0.042	0.145	0.021	0.068	**0.289**＊
真菌群落	**0.340**＊	**0.356**＊	**0.302**＊	0.164	0.058	0.08	0.05	0.036	0.021	0.072	**0.357**＊

五、小结与讨论

对土壤理化性质的分析发现,海拔 350m 和 400m 处香榧林地土壤呈弱碱性,而海拔 450m 处为强酸性土壤,且海拔 450m 处土壤有机质、碱解氮、全磷和有效磷含量最高,全氮含量和 C/N 无显著性差异。一般来说,磷元素在中性土壤中有效性最高,pH＜5 和 pH＞7 时有效性降低。然而,我们的研究显示,强酸性土壤中,全磷和有效磷含量更高,这可能与土壤中解磷微生物的数量有关。Oliveira 等(2009)从玉米根际土壤中分离得到 45 株具有明显溶磷能力的菌株,其中溶磷能力较强的细菌为芽孢杆菌属(*Bacillus* sp.)和伯克氏菌属(*Burkholderia* sp.)。Yadav 等(2003)从土壤中分离出 7 株解磷能力较强的真菌,分别属于曲霉属(*Aspergillus* sp.)、翘孢霉属(*Emmericella* sp.)和青霉属(*Penicillium* sp.),其中,曲霉属和青霉属都属于曲霉目。因此,解磷微生物大都存在于芽孢杆菌目、伯克氏菌目以及曲霉目中。而本研究中,芽孢杆菌目、伯克氏菌和曲霉目相对丰度均超过 1%,说明解磷微生物在香榧林中普遍存在,且芽孢杆菌目的相对丰度在海拔 450m 处显著增加。因此,猜测海拔 450m 处存在较多的解磷微生物,导致土壤中全磷和有效磷含量显著增加。同时,石灰性土壤中的磷元素大部分与土壤中的 Ca^{2+}、Fe^{3+} 和 Al^{3+} 结合而失去有效性,导致海拔 350m 和 400m 处全磷和有效磷含量普遍较低。因此,针对由石灰岩发育的香榧林地土壤,建议增施解磷菌,减少化学肥料的施用量,既降低农业成本,又提高香榧产量。

高通量测序结果显示,临安香榧林地细菌和真菌群落多样性均在海拔 350m 处最高,且随海拔增高,多样性有所下降。基于 OTU 水平的主成分分析法得知,不同海拔细菌群落结构变化与真菌相似,且在 PC2 上海拔 300m

和400m样地土壤微生物组成相似,这和土壤pH有一定关系。Mantel检验显示,pH是影响不同海拔香榧根际土壤微生物群落结构变化的主要因子。相关研究表明,pH是决定不同海拔细菌和真菌多样性变化的重要因素,也影响细菌和真菌的群落结构,特别是细菌群落结构。但土壤pH不会改变微生物群落本身的结构,而是直接或间接地与土壤环境相互作用。有研究显示,极低的pH变化(仅为0.1)也能引起土壤细菌群落结构的改变。Rousk等(2010)对不同pH梯度下农田土壤细菌和真菌群落的研究发现,土壤细菌多样性与土壤pH呈正相关。因此,在海拔350m处香榧根际土壤中微生物群落多样性显著增加可能与该海拔下的土壤高pH有关。针对强酸性土壤,土壤养分含量已经很高,土壤微生物多样性却不高,在今后的经营管理过程中,应该增施石灰,以便改良土壤,提高香榧林地土壤微生物多样性。

因pH改变,临安不同海拔土壤细菌群落结构发生明显变化,然而香榧根际土壤细菌门组成未发生明显变化,其主要由变形菌门、酸杆菌门、放线菌门、厚壁菌门、绿弯菌门、奇古菌门、拟杆菌门和芽单胞菌门组成。这和诸暨香榧根际土壤细菌门组成一致。但临安香榧根际土壤细菌群落中相对丰度最高的细菌目为红螺细菌目,是变形菌门α-变形菌纲下的一目,进行不产氧的光合作用。本目很多细菌属于紫细菌,而紫细菌能固定氮气和一氧化碳,因而红螺细菌目在各海拔香榧林地所占比例较高。而诸暨香榧林相对丰度最高的细菌目为根瘤菌目。两个主产区香榧林的优势菌目均与土壤氮元素相关,说明红螺细菌目和根瘤菌目在土壤氮元素循环中起重要作用。

临安香榧林根际土壤真菌群落主要由子囊菌门、担子菌门和接合菌门组成。香榧林根际土壤真菌群落的优势菌目是肉座菌目、粪壳菌目。朱国胜等(2005)比较了裸子植物和被子植物内生真菌种类,发现它们都有肉座菌目、粪壳菌目、曲霉目等。我们在香榧根际土壤中发现的大量肉座菌目、粪壳菌目中可能存在与香榧共生的内生真菌,它们通过侧根进入植物。臧威等(2014)研究发现南方红豆杉内生真菌资源丰富且受侵染的程度较高,81%的组织有内生真菌存在。而南方红豆杉和香榧都属于红豆杉科,因此猜测香榧可能同样具有丰富的内生真菌资源。

第八章 香榧根腐病株根际土壤微生物群落特征研究

第一节 根腐病对香榧生长及土壤理化性质的影响

一、生长生理指标

根腐病的发生对植株的生长产生一定的影响,植株也会通过调节自身的新陈代谢产生应急机制以抵御病害,其中会发生一系列生理指标的变化。对患病与健康香榧植株生长指标以及生理指标进行统计分析发现,患根腐病香榧的生长状况极差,树高、地上部生物量、根系生物量显著低于健康香榧(见表8-1,$P<0.001$),分别下降了39.32%、61.35%、55.57%;叶片总叶绿素含量、含水量、氮含量也显著低于健康香榧(见表8-1,$P<0.05$),分别下降了75.96%、4.28%、29.43%;但是过氧化物酶活性却显著升高了22.34%(见表8-1,$P<0.05$);可溶性蛋白含量和相对电导率没有发生显著变化(见表8-1,$P>0.05$)。

表 8-1 健康与患病香榧植株生长生理指标

植株	树高/m	地上生物量/kg	根系生物量/(g/m²)	叶片总叶绿素含量/(mg/g)	叶片含水量/%	叶片氮含量/(mg/g)	可溶性蛋白含量/(mg/g)	过氧化酶活性/U	相对电导率/%
健康	3.23±0.46	4.58±1.65	336.32±110.26	1.04±0.20	65.19±2.75	21.44±2.41	24.39±2.48	11357.5620±55.63	88.61±5.26
患病	1.96±0.28	1.77±0.76	149.43±49.06	0.25±0.18	62.40±2.01	15.13±1.73	23.38±2.02	13,895.2621±68.38	89.43±6.01
显著性	***	***	***	***	*	***	NS	*	NS

注:①数据为平均值±标准差($n=10$)。②*表示 $P<0.05$;**表示 $P<0.01$;***表示 $P<0.001$;NS 表示 $P>0.05$。下同。

二、土壤理化性质

土壤理化性质会直接或间接地影响植物生长,与病害的发生密切相关。对患病与健康香榧植株根际土壤理化性质进行统计分析,发现患根腐病香榧植株土壤 pH、含水量和碱解氮含量分别比健康植株显著升高11.93%、44.13%和18.63%(见表 8-2,$P<0.05$);有机碳含量显著降低 16.05%(见表 8-2,$P<0.05$);土壤容重、全氮含量、全磷含量、全钾含量、有效磷含量、速效钾含量、C/N 没有发生显著变化(见表 8-2,$P>0.05$)。

表 8-2　健康与患病香榧根际土壤理化性质

植株	pH	含水量/%	容重/(g/cm²)	有机碳含量/(g/kg)	全氮含量/(g/kg)	全磷含量/(g/kg)	全钾含量/(g/kg)	碱解氮含量/(mg/kg)	有效磷含量/(mg/kg)	速效钾含量/(mg/kg)	C/N
健康	4.86±0.11	14.32±1.62	1.02±0.13	28.35±5.33	2.48±0.30	1.29±0.14	8.86±1.51	108.68±8.82	193.67±11.24	38.09±8.50	11.39±1.44
患病	5.44±0.75	20.64±5.07	1.01±0.08	23.80±2.84	2.40±0.36	1.29±0.07	8.96±1.17	128.93±22.45	182.97±21.24	33.71±9.17	11.03±1.47
显著性	*	**	NS	*	NS	NS	NS	*	NS	NS	NS

三、小结与讨论

(一)植物生长与根腐病的联系

在本研究中,患根腐病的香榧不仅地上生物量和根系生物量下降,而且叶片含水量、总叶绿素和氮含量下降(见表 8-1)。由于健康和患病植株来自同一香榧人工林,具有相似的土壤性质、气候条件和经营管理实践,因此,我们认为经过长时间的根腐病侵染后,树木活力和植物生长状况均有所下降。

本研究中,患根腐病的香榧树高、地上生物量、根系生物量都显著低于健康香榧(见表 8-1)。病株根系生物量的下降与 Gaitniek 等(2016)的观察结果不一致,他们观察到,尽管患根腐病的云杉落叶率显著提高,但根腐病对细根形态的影响不大。Amira(2010)的研究表明,感染根腐病的大麦与健康大麦相比,根和芽的鲜重和干重、每棵植株谷粒数都下降严重,从而导致其总产量下降。香榧林地上生物量、根系生物量的下降是导致香榧产量下降的直接原因,而植株根系生物量的下降对养分的吸收和运输带来困扰,养分的供应不能满足植株正常的生长,导致植株生长不良,甚至整株死亡。

光合色素和水在光合作用过程中至关重要,对植物生长和产量有巨大影响。本研究中,患根腐病植株叶片叶绿素含量、含水量显著下降(见表8-1),这会导致光合能力的下降,从而阻碍有机质的积累,表明植物生产机能的丧失。此外,植物根系生物量的减少导致植物吸水量、蒸腾量减少,但蒸腾量仍大于吸水量,植物会发生萎蔫。

叶片氮含量对植物生长和抗病性调节也有着至关重要的作用。在本研究中,香榧病株叶片氮含量显著下降(见表 8-1),这可能是由于香榧植株被根腐病病原菌长期侵染,影响根系的正常生理功能,使植株吸收能力下降。

过氧化物酶(Peroxidase,POD)是一种抗氧化酶,可以有效清除植物在受到胁迫时产生的活性氧自由基,以减轻植物在受到生理胁迫时活性氧的危害。在本研究中,病株叶片 POD 活性显著提高(见表8-1)。魏崃等(2017)认为,POD 活性的增加表明在受到根腐病影响下,植物具有较强的生理生化调节能力。香榧在根腐病侵染后仍能存活数年。本研究中,病株叶片 POD 活性的显著提高支持了长期根腐病侵染引起了生物胁迫以及植株对胁迫具有生理调节能力的观点。

可溶性蛋白是植株中各种酶的重要组成部分,对植株体内的渗透调节、生理生化代谢起到至关重要的作用,对植株的抗病性也有影响。本研究中,可溶性蛋白含量没有显著性差异(见表 8-1),可能是由于可溶性蛋白既可以由植物应急机制或病原菌侵染而产生,也可以由某些基因的表达达到原有蛋白降解的目的。

植物细胞膜的损伤是逆境条件下植物的主要伤害之一,它会影响植物细胞膜的离子选择性,导致细胞膜内离子、有机质的外渗和细胞膜外毒性离子的内渗,最终破坏植物的生理生化过程。本研究中,患病植株电导率较健康植株有所增加,但是并未达到显著性差异(见表 8-1)。这表明根腐病导致细胞膜透性增大,离子外渗量增加,细胞膜的完整性可能已经被破坏。

（二）土壤理化性质与根腐病的联系

植物健康状况取决于植物所处的土壤环境，好的土壤质量有利于植物健康生长，差的土壤质量可能导致植物病害的发生。土壤环境，特别是土壤性质对植物的生长起到关键性的作用，其中，土壤酸碱度，氮、磷、钾等矿质元素都关系到能否为植物生长提供适宜的酸碱环境和充足的养分。本研究中，患根腐病的香榧根际土壤 pH、含水量、碱解氮含量显著升高，而有机碳含量显著下降（见表 8-2）。

土壤中营养成分过剩、缺乏或者营养失衡，都会导致植物生长不良。王勇等（2007）认为过量施肥会导致根腐病的发病率增高，表明肥料施用偏多可能是导致植株发病的原因之一。根据我们对香榧人工林土壤理化性质的测定结果，样地土壤元素水平处在正常范围内，不存在施肥过多的情况，因此我们排除了过量施肥导致香榧植株患病的原因。

植物性能的改变可能通过影响有机质的输入影响土壤养分动态和微生物群落组成，这反过来又会对植物健康产生反馈。我们的研究结果表明，病株土壤有机碳含量显著降低，这可能是土壤有机质输入减少和土壤有机碳耗竭加速所致。土壤碳含量通常由土壤碳动态中的多种输入和丧失途径来平衡。此外，根腐病可能通过增加根际土壤中微生物群落的活性来加速有机碳分解，这是由本研究中病株土壤中碳循环相关酶活性和微生物对碳源的利用率升高所支持的（见下文详述）。由于土壤有机质是衡量土壤健康和质量的重要指标，土壤中有机碳的消耗可能反过来进一步降低植物对病原菌的抗性或抑制能力。我们对土壤理化性质与植物生长生理指标进行进一步研究分析，发现地上生物量、树高、根系生物量、叶片含水量和氮含量与土壤有机碳含量呈显著正相关（见下文详述），这表明植物的健康状况受土壤有机碳的影响，碳耗竭可能是植物根腐病发生和病原菌侵染过程中植物抗性减弱的重要因素。相反，植物健康状况对土壤性质也存在一定的影响，患病香榧林地上生物量和根系生物量的降低可能导致土壤凋落物的输入和根系分泌物的减少，从而导致病害期间土壤有机碳的积累减少。

有研究表明，土壤偏酸有利于根腐病发生，酸性土壤不利于植物对养分的吸收，大大降低了植物的抗病性；反之，则病害发生较轻。本研究却发现，病株土壤 pH 较健株土壤高（表 8-2），这与 Gaitnieks 等（2016）的研究结果一致，病株土壤 pH 高可能与土壤凋落物输入量降低、根系分泌物减少有关。

土壤酸化是导致根腐病发生的重要因素,本研究中健株与病株土壤 pH 在 4.86～5.44 范围内,虽然病株土壤 pH 较健株土壤 pH 高,但土壤整体酸化,这可能与香榧的种植年限有关。叶雯(2018)对浙江省不同种植年限下香榧林地土壤肥力的调查发现,随着香榧种植年限的增加,土壤酸度逐渐增强,呈现土壤酸化的趋势。

本研究中,病株土壤含水量也是显著升高的(见表 8-2),这可能与根系生物量的减少导致植物对水分的吸收能力减弱有关。对土壤理化性质与植物生长生理指标进一步分析发现,根系生物量与土壤含水量呈显著负相关(见下文详述),根的腐烂导致植株吸收水分能力减弱,土壤含水量增加,土壤含水量的增加又加速了根的腐烂,这是一个恶性循环。我们还发现,叶片含水量与土壤含水量呈负相关(见下文详述)。我们认为,叶片健康状况降低,蒸腾作用减弱,导致土壤水分积累增加。此外,地上生物量、树高、叶片氮含量与土壤含水量也呈显著负相关(见下文详述),表明土壤水量的增加并不利于植株的生长,同时植株生长不良以及根系生物量减少会阻碍根系对土壤水分的吸收,导致土壤含水量升高。我们的研究结果支持了以前的结论,即香榧根腐病的高发病率通常与较高的土壤湿度有关,这可能为病原菌的发生和传播创造更有利的条件。因此,在合理的范围内减小土壤含水量,有利于抑制根腐病的发生和发展。病株土壤中碱解氮含量较高的原因可能与根腐病的发生导致植物根系吸收功能下降、根际土壤中碱解氮残留量增加有关。

第二节 香榧根腐病株根际土壤微生物群落多样性与组成特征

一、土壤微生物丰度和多样性

对患病与健康香榧根际土壤细菌和真菌基因拷贝数、多样性指数进行统计分析,研究发现,患病香榧土壤细菌 16S rRNA 和真菌 ITS 基因拷贝数较健康香榧显著下降 52.10％和 70.08％(见表 8-3,$P < 0.05$)。细菌群落、真菌群落的 OTU 数和 Chao1、Shannon、Simpson 指数在健株与病株间没有显著性差异(见表 8-3,$P > 0.05$)。

表 8-3　健康与患病香榧根际土壤细菌和真菌群落的基因丰度、α-多样性指数

指标		基因拷贝数/（×10⁸ 个/g）	OTUs	Chao1指数	Shannon指数	Simpson指数
细菌	健康	666.08± 479.34	2809.87± 6.86	4012.91± 145.21	9.99± 0.26	0.99± 70.002
	患病	319.06± 51.49	2787.82± 85.33	4118.80± 336.90	9.81± 0.49	0.99± 50.004
	显著性	*	NS	NS	NS	NS
真菌	健康	6.05± 6.17	314.60± 55.97	372.14± 50.81	5.64± 1.38	0.90± 0.163
	患病	1.81± 1.01	317.90± 23.12	365.13± 39.22	6.41± 0.31	0.97± 10.126
	显著性	*	NS	NS	NS	NS

二、土壤微生物群落结构差异

基于 Bray-Curtis 距离的 PCoA 显示了健康和患病香榧土壤中细菌（见图 8-1a）和真菌（见图 8-1b）群落组成的变化。PCoA 结果表明，病株土壤和健株土壤的细菌群落在排序上没有分离，而真菌群落表现出一定的分离（见图 8-1）。对健康和患病植株土壤真菌、细菌群落组成进行了 ANOSIM、MRPP 和 Adonis 三种分析，证实真菌群落的总体组成发生显著变化（见表 8-4，$P<0.05$），而细菌群落的总体组成没有发生显著变化（见表 8-4，$P>0.05$）。

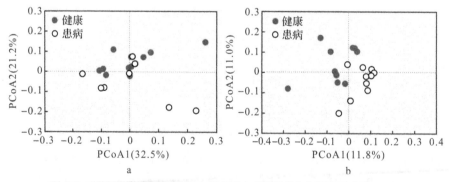

图 8-1　健康与患病香榧根际土壤细菌（a）和真菌（b）群落组成的 PCoA

表 8-4　健康与患病香榧土壤微生物群落组成差异分析

指标	ANOSIM		MRPP			Adonis		
	R^2	P	$\delta_{观测值}$	$\delta_{预期值}$	P	R^2	F	P
细菌	0.027	0.258	0.590	0.594	0.148	0.064	1.24	0.196
真菌	0.106	**0.011**	0.729	0.740	**0.009**	0.079	1.55	**0.007**

注:粗体的数值表示健康和患病香榧之间差异显著。下同。

三、土壤微生物群落组成

在门的水平上和属的水平上,对健株和病株土壤细菌、真菌群落的相对丰度进行比较与研究。研究结果表明,在门的水平上,变形菌门（Proteobacteria）、酸杆菌门（Acidobacteria）和放线菌门（Actinobacteria）是主要的细菌门(见图 8-2a)。病株土壤中,变形菌门（Proteobacteria）相对丰度显著降低 19%(见图 8-2a,$P<0.05$),病株土壤与健株土壤其他门的相对

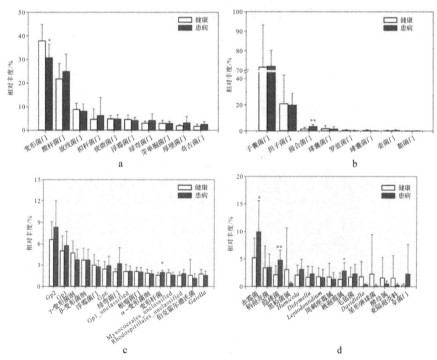

图 8-2　健康与患病香榧根际土壤优势细菌门(a)、真菌门(b)、细菌属(c)和
真菌属(d)的相对丰度
注:*表示 $P<0.05$;**表示 $P<0.01$。下同。

丰度无显著性差异(见图 8-2a,$P>0.05$)。子囊菌门(Ascomycota)和担子菌门(Basidiomycota)是主要真菌门(见图 8-2b)。病株土壤中,接合菌门(Zygomycota)的相对丰度较健株土壤高 135%(见图 8-2b,$P<0.01$)。

在属的水平上,主要细菌属在病株土壤和健株土壤之间没有差别(见图 8-2c,$P>0.05$)。病株土壤中,赤霉菌属(Gibberella)、隐球菌属(Cryptococcus)、亚隔孢壳属(Didymella)、被孢霉属(Mortierella)和伞菌门-未分类属(Agaricales_unclassified)的相对丰度分别较健株土壤高 90.2%、124.3%、34.7%、114.6%、824.0%(见图 8-2d,$P<0.05$)。

LEFSe 分析对健康与患病香榧土壤中的差异属进行了研究。真菌属赤霉菌属(Gibberella)、隐球菌属(Cryptococcus)、被孢霉属(Mortierella)、伞菌门-未分类属(Agaricales_unclassified)、锥盖伞属(Conocybe)、小棒孢囊壳属(Corynascella)、Tetracladium、Corallomycetella、Herpotrichiellaceae_unclassified、Eurotiomycetes_unclassified,细菌属绿弯菌门-未分类属(Chloroflexi_unclassified)在患病香榧土壤中有一个集中,这些可能是造成健康和根腐植株根际土壤微生物群落结构分离的关键属(见图8-3)。

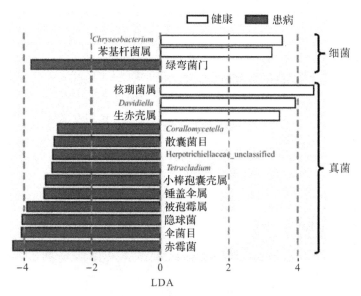

图 8-3 健康与患病香榧根际土壤差异属的 LEFSe 分析(LDA>2.5)
注:健康植物中丰富的属显示为正的 LDA 值,患根腐病植物中丰富的属显示为负的 LDA 值。

四、小结与讨论

微生物群落的多样性、丰度、结构、组成都与根腐病的发生存在一定的关系。我们利用高通量测序技术和 PCR 技术研究微生物的群落特征,揭示微生物群落与根腐病的关系,试图挖掘与根腐病发生相关的微生物类群。在本研究中,患根腐病的香榧植株根际土壤真菌和细菌丰度都有显著降低,但是真菌与细菌的多样性没有显著变化(见表 8-3)。细菌的群落结构没有发生改变,而真菌群落发生显著变化(见图 8-1)。此外,病株土壤中赤霉菌属、隐球菌属、亚隔孢壳属、被孢霉属和伞菌门-未分类属的相对丰度较健株土壤显著提高(见图 8-2),进一步通过 LEFSe 分析证实了赤霉菌属、隐球菌属、亚隔孢壳属等是造成健康和患病香榧土壤微生物结构分离的关键属(见图8-3)。因此,我们认为根腐病的发生与真菌群落有着密不可分的关系。

本研究中,我们发现在患病香榧的土壤中,细菌和真菌的丰度都显著降低(见表 8-3),这与 Wu 等人(2015)的研究结果不一致。他们研究发现,三七病株根际土壤细菌和真菌丰度显著高于健株。土壤微生物生物量与土壤养分有效性密切相关,如土壤有机碳含量,而在我们的研究中,病株土壤有机碳含量较低可能部分解释了微生物生物量下降的原因:病株的地上生物量低,可能会减少土壤中有机化合物的输入,从而降低土壤微生物生物量。这些结果表明,根腐病可能对树木生长造成生理胁迫,创造了一个对微生物生长不利的土壤生境。

有研究认为,根际土壤微生物多样性的降低可能导致土传病害的发生率更高(Wu et al,2015)。相反,丰富的微生物群落会增强土壤对土传病害的抑制能力,微生物多样性高的群落相对比较稳定,对抵御干扰具有重要意义。Wu 等人(2105)发现,与健康植株相比,患病三七根际土壤中的微生物群落 α-多样性下降。本研究对微生物多样性指数进行了详细的分析,发现健康植株和患根腐病植株土壤中细菌、真菌群落多样性没有显著性差异(见表 8-3)。这可能是因为某些关键的或功能性的物种,而不是整体微生物群落多样性,对疾病发生更为重要。我们的研究证实了 Donegan 等(1996)的发现,微生物多样性由于其功能冗余,不能有效、独立地预测土壤健康状况。土壤 pH 是影响细菌生长和系统发育多样性的主要非生物因素。

本研究发现,虽然病株土壤的 pH 远高于健株土壤,但细菌多样性指数基本不变,表明在患病植株土壤中有一个受限的、表现出长期患病状态的微生物群落。根腐病引起土壤微生物群落组成的明显变化,在其他植物,如烟草、豌豆、花生三七和苹果等上已经被频繁报道。根腐病发生导致土壤环境从利于植株生长的"细菌型"向不利的"真菌型"转化,并且植株根系分泌物在一定程度上影响根系周边的微生物环境。本研究中,细菌的群落组成没有发生显著改变,而真菌群落发生显著改变(见图 8-1)。病株土壤中细菌群落多样性和结构没有变化,可能表明细菌群落结构对病害引起的非生物(如土壤化、SOC 耗竭)和生物(如化感作用)变化具有较强的抵抗性。而病株土壤中真菌群落结构发生显著变化,表明整个真菌群落对根腐病和土壤性质的改变更为敏感,真菌群落组成较细菌群落变化显著,这与先前的研究结果一致。真菌群落发生显著变化,表明香榧根腐病的发生可能是真菌群落的改变所引起的。Xu 等人(2012)发现根的健康状况与真菌群落结构之间存在着明确的关系。

为了寻找与土壤病害发生相关的微生物类群,我们在门和属的水平上比较了健株和病株根际土壤微生物群落的组成,与 PCoA 结果一致,病株与健株土壤中主要细菌门的相对丰度没有显著性差异(见图 8-2)。变形菌门是病株与健株土壤中分布最多的细菌门,该结果与先前研究结果相一致。根际微生物以细菌为主,并且是革兰氏阴性菌占优势,而所有变形菌门全是革兰氏阴性菌。本研究中,病株土壤变形菌门较健株下降了 19%,表明革兰氏阴性菌优势地位的丧失。革兰氏阴性菌会优先以新鲜输入的植物残体作为碳源,植物地上生物量的降低导致碳源输入的减少,可能会导致革兰氏阴性菌优势地位的丧失。酸杆菌门是主要细菌门,而本研究中土壤呈酸性,证实了酸杆菌门的优势地位。事实上,只有少数类群,特别是真菌群落发生了显著的变化。子囊菌门是病株与健株土壤中丰度最高的真菌门,余妙等人(2018)研究西洋参根腐病也发现了同样的结果。除此之外,余妙等人(2018)还发现病株土壤中接合菌门的丰度显著增加,而本研究中接合菌门的丰度显著增加了 135%,与其结果一致。赤霉菌属、隐球菌属、亚隔孢壳属、被孢霉属对真菌群落组成的变化有着重要的作用(见图 8-2、图 8-3),其中多数属是植物病害的主要毒力因子。这些真菌属在病株土壤中丰度增加,表明它们在侵染植物根系、导致根腐病发生的过程中具有潜在的作用,有可能是香榧根腐病的致病菌。而余妙等(2018)发现,根腐病西洋参土壤中赤霉菌属、被孢霉属的比例显著增加;苗翠苹(2015)发现根腐病三七土壤中被孢霉属的比例可以高达近80%,进而证实了这一观点。综上所述,长期的根腐病侵染导致土壤中有益菌减少、病原真菌增加,打破了土壤微生物系统的平衡,导致结构失衡,土壤致病性增强,继而导致病害的加重。

第三节　香榧根腐病株根际土壤酶活性和微生物代谢功能特征

一、土壤微生物代谢功能

AWCD反应微生物对C源的利用能力,以此来反映微生物的代谢能力。图8-4中,健康和患根腐病植株根际土壤样品的总AWCD在24h内均变化不大,而微生物对不同C源的整体利用程度均随培养时间的延长而增加。在培养的前48h,健康植株与患病植株基本无差异;在48h之后,患病植株对不同C源的利用能力高于健康植株,且随着C源的消耗殆尽,曲线趋于平缓。

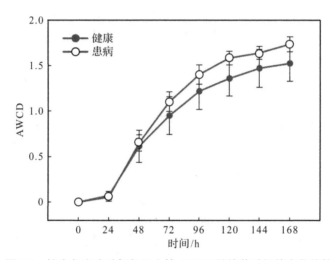

图8-4　健康与患病香榧根际土壤AWCD随培养时间的变化趋势

选取培养72h后得到的AWCD值,计算微生物对6个功能团(碳水化合物、氨基酸、羧酸、胺/酰胺、多聚物和酚类化合物)的最高利用率,比较发现,病株土壤微生物群落对碳水化合物的利用率显著高于健株(见图8-5,$P <$ 0.01)。病株土壤微生物群落对羧酸的利用率较健株高,对酚类化合物的利用率较健株低,但是均未达到显著性差异,对其他C源利用率无显著性差异

（见图 8-5，$P > 0.05$）。

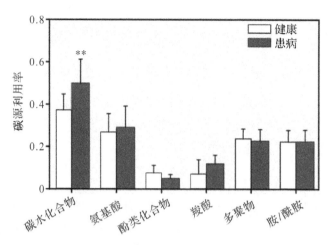

图 8-5　健康与患病香榧根际土壤微生物对六大碳源的利用率

采用 NMDS 分析和 ANOSIM 分析，比较患病与健康植株土壤微生物代谢能力的差异，结果如下：在 NMDS 排序图中可见，患病与健康植物表现出一定的分离（见图 8-6）。对健康和患病植株土壤微生物代谢能力进行了 ANOSIM 分析证实，患病与健康植株土壤微生物的代谢能力存在显著性差异（ANOSIM＝0.254，P＝0.003）。

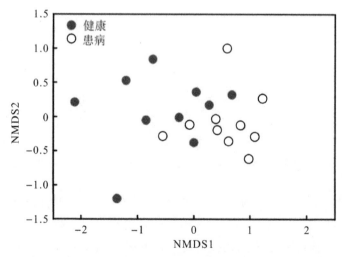

图 8-6　健康与患病香榧根际土壤微生物群落碳源利用模式的 NMDS 排序图

基于 Biolog-ECO 板培养 72h 得到的 AWCD 数据,计算微生物的代谢功能多样性指数。其中,Shannon 指数反应物种的丰度,Simpson 指数反应物种的优势度,McIntosh 指数反应物种的均匀度。患病植株 Shannon 指数、Simpson 指数、McIntosh 指数均高于健康植株,其中,患病植株 Shannon 指数、Simpson 指数显著高于健康植株(见表 8-5,$P<0.05$)。

表 8-5　健康与患病香榧根际土壤微生物功能多样性指数

多样性指数	Shannon 指数	Simpson 指数	McIntosh 指数
健康	3.07 ± 0.10	0.949 ± 0.006	7.009 ± 0.767
患病	3.20 ± 0.08	0.956 ± 0.004	7.253 ± 0.443
显著性	*	*	NS

二、土壤酶活性

选择与 C 循环相关的酶——过氧化物酶、β-木糖苷酶、α-葡萄糖苷酶、β-D-纤维二糖苷酶、β-葡萄糖苷酶、转化酶,与 N 循环相关的酶——脲酶、几丁质酶、亮氨酸氨基肽酶、N-乙酰基-β-氨基葡萄糖苷酶,与 P 循环相关的酶——磷酸酶,与 S 循环相关的酶——芳基硫酸酯酶,共 12 种酶进行分析。分析结果如下:病株土壤中的过氧化物酶、β-D-纤维二糖苷酶和 β-葡萄糖苷酶活性分别比健株土壤中的显著升高 24.9%、67.8%和 53.1%(见表 8-6,$P<0.05$);病株土壤中的磷酸酶活性较健株土壤中的显著下降 16%,芳基硫酸酯酶活性较健株土壤中的显著升高 17%(见表 8-6,$P<0.05$),其他酶活性没有显著性差异(见表8-6,$P>0.05$)。

表 8-6　健康与患病香榧根际土壤酶活性

单位:nmol/(g 干土・h)

酶	过氧化物酶	转化酶	β-木糖苷酶	β-D-纤维二糖苷酶	β-葡萄糖苷酶	α-葡萄糖苷酶
健康	1029.89 ± 137.33	5096.32 ± 548.87	5.23 ± 1.03	4.74 ± 1.46	21.38 ± 4.47	4.20 ± 0.93
患病	1286.34 ± 184.11	6191.06 ± 1950.61	5.94 ± 2.45	7.96 ± 2.33	32.74 ± 8.46	4.58 ± 1.13
显著性	＊＊	NS	NS	＊＊	＊＊	NS

续表

酶	脲酶	几丁质酶	亮氨酸氨基肽酶	N-乙酰基-β-氨基葡萄糖苷酶	磷酸酶	芳基硫酸酯酶
健康	1941.12± 366.13	200.08± 11.01	17.62± 2.98	11.03± 2.39	124.35± 20.84	1256.04± 272.79
患病	2043.35± 682.07	199.24± 7.88	18.07± 2.73	13.41± 5.37	104.36± 17.17	1593.85± 294.55
显著性	NS	NS	NS	NS	*	*

三、小结与讨论

长时间的病原菌侵染除了导致植株根际土壤微生物群落结构发生改变外,还表现在微生物功能和活性的变化上。微生物是土壤的活性部分,在土壤生态功能的变化中扮演着重要角色,对土壤有机质转化、养分循环、肥力形成、污染物降解以及能量流动都具有重要的作用。本研究利用 Biolog-ECO 板和养分循环相关酶的酶活测定来表征土壤微生物的活性和代谢功能,揭示微生物群落代谢功能和活性与根腐病的关系。

Biolog 试验可以揭示土壤微生物群落之间的代谢差异,但是它通常只能检测到少数可培养的异养微生物的代谢活性。本研究中,患根腐病香榧根际土壤微生物对 C 源的代谢能力增强(见图 8-4),对碳水化合物的利用率也显著升高(见图 8-5),患病和健康香榧根际土微生物的代谢功能存在显著性差异(见图 8-6)。这一结果表明,长时间的根腐病侵染改变了微生物群落的代谢功能,促进了微生物对碳水化合物的利用能力。

本研究中,患病香榧土壤微生物对 C 源的利用能力增强(见图 8-4)。这与吴照祥等人(2015)的研究结果不一致,他们发现健康三七根际土壤真菌群落对不同 C 源的利用能力高于发病植株。陈慧等(2007)研究发现,随着地黄病害程度加重,微生物对 C 源的利用能力下降。谢玉清等(2015)研究大蒜根腐病发现,患病植株根际土壤微生物代谢水平在发病初期维持在较高水平且高于健康植株,发病后期急剧下降,可能与发病初期病原菌开始增长,但对其他微生物还没有产生明显抑制有关。本研究中,香榧患病已经长达 4 年之久,并不是发病初期。本研究中,病株土壤微生物代谢能力增强,可能与能够利用碳水化合物和羧酸的特定微生物类群的增加有关。此外,植物通过地上部淋溶、根系分泌和植株残茬腐解等途径释放出酚酸类物质进入土壤中,可直接影响土壤养分状况,还可通过调节土壤微生物活性间接影响植物生长根系分泌物,是调节微生物活性的主要推动力。本研究中代谢能力的增加还可能与逆境条件下,植物分泌有机酸来提高微生物代谢活性以抵抗逆境有关。对六大功能基团的 C 源利用率进行分析发现,患根腐病香榧根际土壤微生物对碳水化合物的利用能力显著提高(见图 8-5)。这可能与根际土壤中相关微生物类群(如绿弯菌、亚隔孢壳属、被孢霉属)的丰度增加有关,这些微生物类群已经被报道能降解碳水化合物。这可能是因为根腐病引起的根坏死会导致糖、有机酸和氨基酸等根系有机成分渗入土壤,选择性地导致相关微生物类群的增加。

本研究中,病株与健株土壤微生物代谢功能存在显著性差异(见图8-6)。这表明根腐病的发生不仅改变了微生物结构,也改变了微生物的代谢功能。事实上,结构的改变与功能的改变之间存在相关性,但是功能与群落的组成并无必然联系。此外,Biolog 技术在近年来也被广泛应用于研究土壤微生物群落功能多样性。对患病与健康香榧土壤微生物代谢功能的丰度、优势度和均匀度进行分析表明,病株土壤中微生物的丰度和优势度都显著高于健株土壤(见表 8-5)。根腐病发生过程中,种间竞争中,病原菌占据优势,并不断积累,逐渐成为优势种,相应的,部分有益菌因为竞争能力弱而被淘汰。本研究中,代谢优势度的增加可能与病原菌的侵染并在竞争中占据上风有关,而代谢丰度的增加可能与某些降解碳水化合物的微生物类群的增加有关,这是由前面的研究结果所支持的。

土壤微生物参与土壤中几乎全部的物质循环和能量代谢,而土壤酶作为微生物的代谢产物,表征微生物的代谢功能与活性。本研究中,与 C 循环有关的酶(β-D-纤维二糖苷酶、β-葡萄糖苷酶和过氧化物酶)、与 S 循环有关的酶(芳基硫酸酯酶)活性在病株土壤中较健株土壤显著升高,而磷酸酶活性较健株土壤显著下降(见表 8-6)。我们的研究表明,长时间的根腐病侵染对土壤酶活性存在选择性影响,但是对参与 C 循环的酶活性有促进作用。

从功能角度看,土壤酶活性是养分循环和有机质分解的主要生物机制,表征着土壤生化反应的强度以及方向。本研究测定的酶活中,值得注意的是与 C 循环有关的酶(如 β-D-纤维二糖苷酶、β-葡萄糖苷酶和过氧化物酶)的活性,在病株土壤中较健株土壤显著升高(见表 8-6),这与微生物 C 源代谢分析的结果相一致(见图 8-5)。这是一个值得关注的结果,表明有机碳化合物矿化和消耗的提高。水解酶(如纤维二糖苷酶和 β-葡萄糖苷酶)在水解有机分子以释放供给植物的土壤养分方面具有重要意义。这些土壤酶活性的增加会加速土壤有机质的消耗,可能是导致病株土壤中 SOC 含量较低的原因之一。反过来说,较高的酶解有机质能力可能与高的微生物养分需求有关。土壤中有机碳含量较低,可能反过来刺激微生物,特别是真菌,提高其代谢功能和酶活性,降解植物根和根际土壤中不稳定、难降解的有机质以求生存。

磷酸酶的作用是促进磷元素的循环和转化,表征土壤磷元素的水平。本研究中,磷酸酶的活性在患根腐病后显著降低(见表 8-6),表明根腐病的发生会阻碍土壤中磷元素的流动与循环,降低了磷代谢的效率。李雪萍(2017)在青稞、寻路路等(2013)在三七的研究中也得出了相似的结论。而芳基硫酸酯酶活性上升(见表 8-6),可能是由于根腐病对不同土壤不同元素的流动与循环的影响不同。

第四节　植物、土壤性质和微生物群落的关系

一、土壤环境与微生物群落和酶活性的关系

为了揭示香榧根际土壤中微生物群落结构的变化是否受到环境理化因子的影响,本研究分别对香榧根际土壤真菌群落结构、细菌群落结构与土壤理化性质做了 Pearson 相关性分析及典型对应分析(CCA)。由图 8-7 和表 8-7 看出,细菌群落变化与土壤碱解氮含量($R^2=0.834$,$P=0.001$)、有机碳

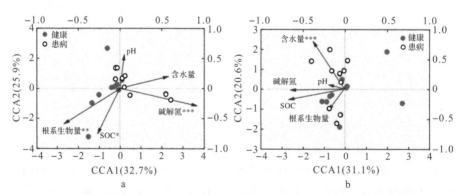

图 8-7　健康与患病香榧根际土壤细菌(a)、真菌群落组成(b)与环境变量的典型对应分析

注:箭头表示与微生物群落组成相关的环境变量。下同。

表 8-7　环境变量与细菌和真菌群落组成的相关系数

指标	细菌群落		真菌群落	
	R^2	P	R^2	P
根系生物量	0.597	**0.002****	0.129	0.423
pH	0.262	0.134	0.038	0.767
土壤含水量	0.295	0.089	0.671	**0.004****
有机碳含量	0.500	**0.012***	0.377	0.051
碱解氮含量	0.834	**0.001****	0.333	0.093

含量($R^2=0.500$,$P=0.012$)和根系生物量($R^2=0.597$,$P=0.002$)呈显著相关。真菌群落仅随土壤含水量变化显著($R^2=0.671$,$P=0.004$)。这些环境因子是改变微生物群落组成的重要非生物因子。

从表 8-8 中,我们发现,地上生物量、树高、根系生物量、叶片含水量和氮含量与土壤含水量呈显著负相关,与土壤有机碳含量呈显著正相关(见表 8-8,$P<0.05$)。地上生物量、树高、根系生物量与细菌丰度呈显著正相关,总叶绿素含量与土壤含水量、土壤碱解氮含量呈显著负相关,土壤 pH 与叶片含水量、叶片氮含量呈显著负相关(见表 8-8,$P<0.05$)。

表 8-8　植物性能与土壤性质、真菌和细菌丰度的相关系数

指标	pH	土壤含水量	有机碳含量	碱解氮含量	真菌丰度	细菌丰度
地上生物量	−0.38	−0.63**	0.72**	−0.25	−0.05	0.51*
树高	−0.43	−0.68**	0.63**	−0.35	−0.10	0.52*
根系生物量	−0.44	−0.64**	0.58**	−0.38	−0.04	0.48*
叶片含水量	−0.49*	−0.50*	0.56*	−0.24	−0.14	0.22
叶片总叶绿素含量	−0.39	−0.65**	0.335	−0.47*	0.40	0.28
叶片氮含量	−0.45*	−0.63**	0.51*	−0.32	0.35	0.24
过氧化物酶活性	0.25	0.34	−0.23	0.40	−0.31	−0.40

采用方差分解分析(VPA)研究了土壤性质、根系生物量、根腐病对细菌

（见图 8-8a）、真菌（见图 8-8b）群落结构的影响以及这些参数之间的相互作用。VPA 结果表明，根腐病、根系生物量、土壤性质（SOC、pH、碱解氮含量和含水量）分别解释了细菌和真菌群落变异的 42.3% 和 35.2%，剩余 57.7% 和 64.8% 未被解释（见图 8-8）。土壤性质解释了细菌群落（26.0%）和真菌群落（20.9%）的最大变异，其次是根系生物量。这些变量之间的相互作用仅占变异的一小部分。

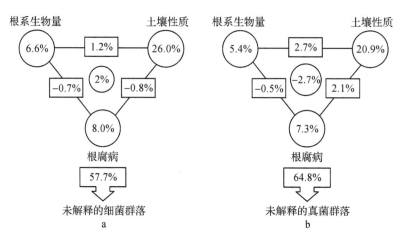

图 8-8　土壤性质、根系生物量、根腐病对细菌(a)、真菌(b)群落结构的影响以及这些因素之间的相互作用

注：三角形边上的圆表示由每组因素单独解释的变化百分比。三角形边上的矩形或中间的圆表示由这些因素中的 2～3 个因素相互作用所解释的变化百分比。底部的矩形表示无法解释的变化百分比。

采用 Pearson 相关性分析和冗余分析（RDA）研究了土壤酶活性与土壤性质、根系生物量、微生物群落组成和丰度之间的关系。由图 8-9 和表 8-9 看出，病株与健株根际土壤酶活性有显著性差异（ANOSIM＝0.319，P＝0.002），沿着排序空间的第一轴，病株土壤的酶活性与健株土壤酶活性有明显的分离。病株土壤酶活性与土壤真菌群落组成（由 PCoA1 代表）（R^2＝0.300，P＝0.047）、土壤含水量（R^2＝0.460，P＝0.008）和微生物 C 源利用率（R^2＝0.323，P＝0.026）呈显著相关，而健株土壤酶活性与根系生物量（R^2＝0.487，P＝0.005）、真菌丰度（R^2＝0.306，P＝0.044）呈显著相关。土壤含水量、微生物 C 源利用率与 β-D-纤维二糖苷酶活性、β-葡萄糖苷酶活性呈正相关，分别解释了变异的 14% 和 13%。

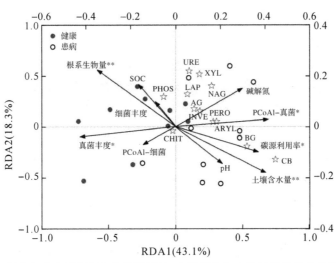

图 8-9 健康与患病香榧根际土壤酶活性、土壤理化和生物性质的冗余分析（RDA）

注：①SOC 表示土壤有机碳，PCoA1-细菌表示细菌群落组成，PCoA1-真菌表示真菌群落组成。②☆表示酶活性。AG，α-葡萄糖苷酶；BG，β-葡萄糖苷酶；CB，β-D-纤维二糖苷酶；XYL，β-木糖苷酶；NAG，N-乙酰基-β-氨基葡萄糖苷酶；LAP，亮氨酸氨基肽酶；PHOS，磷酸酶；PERO，过氧化物酶；URE，脲酶；CHIT，几丁质酶；IVER，转化酶；ARYL，芳基硫酸酯酶。

表 8-9 酶活性与土壤环境变量、微生物群落组成和丰度之间的相关系数

指标	R^2	P
根系生物量	0.500	**0.005**[**]
pH	0.193	0.163
土壤含水量	0.470	**0.007**[**]
有机碳	0.190	0.169
可利用 N	0.216	0.141
真菌丰度	0.307	**0.041**[*]
细菌丰度	0.064	0.569
C 源利用率	0.310	**0.048**[*]
PCoA1-细菌	0.052	0.597
PCoA-细菌	0.300	**0.046**[*]

二、小结与讨论

在前文中分别讨论了土壤理化性质、微生物群落结构特征、微生物代谢功能、土壤酶活性与根腐病的关系,而根腐病的发生主要是因为土壤环境的变化导致微生物结构的改变,有害微生物类群增加,进而引起植物病害。对土壤环境与微生物群落和酶活性的关系进行讨论,寻找驱动微生物群落动态变化的关键因子,可能成为揭示根腐病发生机制的新突破口。一些研究表明,土壤微生物群落组成的变化与土壤环境的变化密切相关。Wu 等人(2015)认为土壤质地、有机碳是形成微生物群落的重要非生物因素。在本研究中,土壤碱解氮和土壤有机碳含量(而非 pH)与细菌群落组成变化显著相关(见图 8-7、表 8-7),表明细菌群落对养分有效性更为敏感。前人的研究表明,土壤有机碳含量和 C/N 会影响真菌群落的组成,因为真菌是土壤有机质的主要分解者,而 C/N 高的有机质对真菌组成的影响很大。在本研究中,我们发现,只有土壤含水量与真菌群落组成的变化显著相关(见图 8-7、表 8-7),这与 Brockett 等人(2012)的研究结果一致,他们认为土壤湿度是影响森林土壤微生物群落结构和酶活性的主要因素。土壤性质是土壤中微生物群落组成的主要决定因素。本研究中,VPA 证实了这一观点,土壤性质对细菌、真菌群落组成变化的贡献大于根系生物量和根腐病,解释了细菌、真菌群落组成的最大变异(见图 8-8),与根腐病相关的土壤性质的变化对微生物群落组成的改变起着关键作用。

土壤酶活性表征土壤生态系统物质循环和能量流动,受土壤性质和微生物的潜在影响。我们的研究发现,β-D-纤维二糖苷酶、β-葡萄糖苷酶与土壤微生物代谢能力和土壤含水量呈显著正相关(见图 8-9、表 8-9)。这种正相关关系证实,微生物代谢能力的变化与土壤酶活性的调节有关。土壤酶主要来自土壤微生物,微生物代谢活性的变化可能会影响酶活性。此外,植物根系也可能增加胞外酶的表达,以提高对病原体的拮抗能力。真菌群落组成,而不是细菌群落组成与根腐病相关的 β-D-纤维二糖苷酶和 β-葡萄糖苷酶的变化呈显著正相关(见图 8-9、表 8-9),表明土壤真菌在影响水解酶活性方面起着重要作用。土壤真菌群落是微生物群落的主要组成部分,也是土壤有机化合物的主要分解者。土壤真菌群落通过合成胞外酶降解有机质,在调节土壤酶活性方面发挥着重要作用。根腐病植株根系有机成分的潜在渗漏很可能通过活化土壤真菌,进而直接刺激水解酶的活性。我们的发现表明,长时间的根腐病侵染可能通过调节真菌群落的活性而对土壤酶活性产生影响,特别是对参与碳分解的水解酶有潜在的影响。

第九章 浙江省香榧质量评价体系研究

第一节 浙江省香榧及其油脂综合性状研究

一、果实性状与种仁理化指标

对香榧果实性状与种仁理化指标进行变异分析,结果见表 9-1。由表9-1

表 9-1 浙江省香榧果实性状与种仁理化指标变异分析

指标	最小值	最大值	平均值	标准偏差	变异系数
完善果率/%	93.4	100	97.7	1.54	1.57
颗粒大小/(颗/500g)	252	343	305	23.2	7.59
单粒重/g	1.46	1.98	1.65	0.130	7.93
横径/mm	10.9	13.2	11.8	0.430	3.68
出仁率/%	56.6	65.8	62.8	1.71	2.71
水分含量/%	0.810	2.06	1.22	0.260	21.6
蛋白质含量/(g/100g)	8.20	18.3	12.5	2.06	16.4
脂肪含量/(g/100g)	37.7	54.8	46.5	4.33	9.3
碳水化合物含量/(g/100g)	8.80	12.9	11.3	1.20	10.6
粗纤维含量/%	22.1	45.1	30.8	4.96	16.1
灰分含量/(g/100g)	2.39	4.49	3.06	0.380	12.4
出油率/%	28.7	50.6	37.4	5.38	14.4

可以看出，5 项果实性状和 7 项种仁理化指标的变异系数为 1.57%～21.6%，差异较大。其中，完善果率的变异系数最小，仅为 1.57%；出仁率的变异系数也较小，为 2.71%；变异系数最大的是水分，达 21.6%。

对香榧果实性状与种仁理化指标进一步进行相关性分析，结果见表9-2。结果表明，出仁率与完善果率、单粒重、横径均呈极显著正相关（$P<0.01$），与颗粒大小呈极显著负相关（$P<0.01$）；横径与单粒重呈极显著正相关（$P<0.01$），与颗粒大小呈极显著负相关（$P<0.01$），说明果实横径与果实大小紧密相关；单粒重与颗粒大小呈极显著负相关（$P<0.01$）；粗纤维含量与碳水化合物含量呈极显著正相关（$P<0.01$），水分含量与脂肪含量呈极显著负相关（$P<0.01$）；单粒重与蛋白质含量、出油率均呈显著正相关（$P<0.05$）；完善果率与颗粒大小呈显著负相关（$P<0.05$）；颗粒大小与蛋白质含量呈显著负相关（$P<0.05$）；水分含量与蛋白质含量、碳水化合物含量呈显著负相关（$P<0.05$）；脂肪含量与灰分含量呈显著负相关（$P<0.05$）。香榧果实性状指标相关性分析表明，香榧果实颗粒数越少，果实横径越大，单粒重越大，出仁率越高，完善果率越大。7 项理化指标中，仅蛋白质含量和出油率与果实

表 9-2　香榧果实性状与种仁理化指标间的相关系数

指标	完善果率	颗粒大小	单粒重	横径	出仁率	水分含量	蛋白质含量	脂肪含量	灰分含量	出油率	碳水化合物含量	粗纤维含量
完善果率	1											
颗粒大小	−0.325*	1										
单粒重	0.296	−0.996**	1									
横径	0.149	−0.778**	0.783**	1								
出仁率	0.454**	−0.455**	0.442**	0.515**	1							
水分含量	−0.018	0.095	−0.075	0.023	0.017	1						
蛋白质含量	0.129	−0.346*	0.339*	0.197	0.006	−0.36*	1					
脂肪含量	−0.016	0.297	−0.296	−0.256	−0.113	−0.41**	0.164	1				
灰分含量	−0.109	−0.156	0.158	0.167	0.241	0.266	−0.093	−0.363*	1			
出油率	0.074	−0.301	0.322*	0.041	−0.103	0.054	0.263	−0.007	−0.034	1		
碳水化合物含量	0.161	−0.106	0.1	−0.158	−0.042	−0.379*	0.277	0.277	0.019	0.114	1	
粗纤维含量	0.123	−0.112	0.108	−0.032	−0.012	−0.23	0.116	−0.173	0.224	0.217	0.416**	1

注：*：$P<0.05$；**：$P<0.01$。

性状有相关性,其相关性表明,香榧果实颗粒数越少,单粒重就越大,香榧内在的蛋白质含量越高,出油率也越大。其他理化指标与果实性状间无显著相关性。

通过主成分分析法,可将多个性状指标经正交变换转化为较少个数的主成分。这些主成分彼此既互不相关,又能综合反映原来多个性状指标的主要信息。对香榧果实性状与种仁理化指标进行主成分分析,结果见表9-3。结果表明,前4个主成分累积贡献率达到70.8%,说明前4个主成分能够满足主成分分析的要求。由各指标的特征向量可以看出,决定第1主成分的主要是香榧果实性状,即颗粒大小、单粒重、横径和出仁率,这些性状均与果实性状有关,则称第1主成分为香榧种仁大小因子,说明香榧果实性状在品质评价中具有重要作用,对衡量香榧果实品质的优劣有着重大指导意义。决定第2主成分的为水分、蛋白质、脂肪和碳水化合物含量;决定第3主成分的为灰分含量;决定第4主成分的为完善果率。

表 9-3　浙江省香榧果实性状与种仁理化指标的主成分分析结果

| 主成分 | 各指标的特征向量 | | | | | | | | | | | | 特征值 | 贡献率 | 累积贡献率 |
	完善果率	颗粒大小	单粒重	横径	出仁率	水分含量	蛋白质含量	脂肪含量	灰分含量	出油率	碳水化合物含量	粗纤维含量			
1	0.416	−0.957	0.952	0.823	0.614	−0.052	0.373	−0.349	0.261	0.271	0.101	0.201	3.505	29.21	29.207
2	0.136	−0.045	0.035	−0.208	−0.198	−0.753	0.587	0.599	−0.389	0.253	0.705	0.357	2.214	18.45	47.656
3	−0.316	0.03	−0.016	−0.212	−0.323	0.176	−0.030	−0.426	0.544	0.416	0.291	0.682	1.483	12.36	60.012
4	0.523	0.151	−0.18	−0.139	0.445	−0.098	−0.279	−0.021	0.303	−0.569	0.337	0.360	1.292	10.77	70.778

二、种仁氨基酸及维生素组成

(一)氨基酸组成

氨基酸是果实品质的组成成分之一,其种类和含量是考察果实营养价值的主要指标,在参与果实其他品质特征成分和风味物质合成的同时,自身也表现出一定的呈味特性。因此,氨基酸组成与含量对果实营养、风味有着重要影响。

从表9-4可以看出,香榧种仁中共含有16种氨基酸,氨基酸总量达12.3g/100g,这与黎章矩等(2005)对香榧种仁中氨基酸总量达11.8g/100g的报道基本吻合。在16种氨基酸中,谷氨酸含量最高(1.78g/100g),其次为天门冬氨酸、精氨酸、亮氨酸、缬氨酸等。作为人体必需的 8 种氨基酸,香榧种仁中含人体必需氨基酸达 7 种,其高低顺序依次为亮氨酸>缬氨酸>赖氨酸>异亮氨酸>苯丙氨酸>苏氨酸>蛋氨酸。根据 FAO(联合国粮食及农业组织)/WHO(世界卫生组织)的标准规定,优质蛋白的必需氨基酸含量与总氨基酸含量之比(EAA/TAA)应达到 40.0%,必需氨基酸与非必需氨基酸之比(EAA/NEAA)为 60.0%。香榧种仁中必需氨基酸占总氨基酸的质量分数为 38.58%,必需氨基酸占非必需氨基酸的质量分数为 62.8%,非常接近 FAO/WHO 标准规定。此外,香榧种仁中鲜味氨基酸占总氨基酸的质量分数为 33.2%,药用氨基酸占总氨基酸的质量分数为 63.5%。天门冬氨酸能缓解疲劳,谷氨酸具有健脑益智的作用,说明香榧在医疗保健方面具有一定的开发前景。

表 9-4　香榧种仁氨基酸组成

必需氨基酸			非必需氨基酸		
名称	含量/(g/100g)	占总氨基酸的质量分数/%	名称	含量/(g/100g)	占总氨基酸的质量分数/%
苏氨酸	0.564	4.59	天门冬氨酸 ad	1.40	11.3
缬氨酸	0.917	7.46	丝氨酸 a	0.786	6.39
蛋氨酸 ad	0.131	1.07	谷氨酸 ad	1.78	14.4
异亮氨酸	0.718	5.84	甘氨酸	0.593	4.82
亮氨酸 d	0.940	7.64	丙氨酸 d	0.633	5.15
苯丙氨酸 d	0.673	5.47	酪氨酸 d	0.467	3.80
赖氨酸 d	0.802	6.52	组氨酸	0.271	2.20
必需氨基酸(EAA)	4.75		精氨酸 d	0.996	8.10
非必需氨基酸(NEAA)	7.56		脯氨酸	0.637	5.18
总氨基酸(TAA)	12.31		鲜味氨基酸(F)	4.09	
			药用氨基酸(D)	7.81	

注:a 为鲜味氨基酸,d 为药用氨基酸。

(二)维生素组成

对香榧种仁中维生素含量进行测定,发现烟酸和维生素 E 含量极高。由表 9-5 可以看出,四个地区的香榧种仁中的烟酸含量基本一致,平均达

223mg/kg。绍兴和杭州的香榧种仁中的维生素 E 含量明显高于金华和宁波的,平均达 277mg/kg。从表 9-6 可以看出,杏仁、腰果、榛子、松子、白果、花生、葵花籽中维生素 E 含量均低于香榧,仅山核桃中维生素 E 含量高于香榧。此外,香榧中还含有微量的维生素 B_1(含量为 0.057mg/kg),但其含量低于常见坚果中维生素 B_1 的含量。

表 9-5　浙江省香榧种仁维生素组成

地区	维生素 E 含量/ (mg/kg)	烟酸含量/ (mg/kg)	维生素 B_1 含量/ (mg/kg)
绍兴	303	227	0.0570
宁波	210	204	0.0710
金华	247	221	0.0540
杭州	340	232	0.0500
平均	277	223	0.0570

表 9-6　几种常见坚果维生素 B_1 和维生素 E 含量(每 100g 可食部分)

坚果	杏仁	腰果	榛子	山核桃 (干)	松子 (炒)	白果 (干)	花生 (炒)	葵花籽 (炒)
维生素 B_1 含量/ mg	0.08	0.27	0.21	0.16	—	—	0.13	0.43
维生素 E 含量/ mg	18.53	3.17	14.3	65.55	25.2	24.7	12.94	26.64

注:—代表未测出。

资料来源:杨月欣,2002。

三、香榧种仁油脂

(一)酸价和过氧化值

过氧化值是对脂肪一级氧化产物的衡量指标,表明脂肪受到氧化的程度。油脂过氧化值是氧化酸败的重要指标。酸价是衡量香榧品质优劣的重要指标之一,酸价的高低能反映油脂的新鲜程度。从表 9-7 可以看出,供试香榧种仁油脂(简称香榧籽油)酸价 0.210~2.84mg/g,平均 0.760mg/g,变异系数72%;不同地区之间含量有差异,但总体均偏低,香榧籽油酸价低,说明香榧籽油游离脂肪酸含量低,品质较好。过氧化值0.030~0.420g/100g,平均0.200g/100g,变异系数50%,总体而言均不高,说明香榧在提取过程中的氧化程度低,这可能与实验所采用的香榧均为当年上市的新货有关。与食品安全国家标准《坚果与籽类食品》(GB 19300—2014)相比,酸价和过氧化值含量均低于标准规定,说明浙江省香榧总体品质较好。

表 9-7 　浙江省香榧籽油酸价、过氧化值及变异系数分析

地区	酸价/(mg/g)	过氧化值/(g/100g)
绍兴	1.00±0.61a	0.140±0.065a
金华	0.520±0.34b	0.260±0.10b
宁波	0.360±0.12b	0.300±0.10b
杭州	0.560±0.35ab	0.180±0.056ab
最小值	0.210	0.0330
最大值	2.84	0.420
平均值	0.760	0.200
标准偏差	0.550	0.100
变异系数	72.0	50.0

注:不同小写字母表示不同位点间差异显著。下同。

（二）脂肪酸含量

从表 9-1 可以看出,浙江省香榧种仁出油率为 37.4%,这与吴帆等(2014)的报道基本吻合。

表 9-8 显示,经气相色谱-质谱联用仪检测,香榧籽油主要含有 12 种脂肪酸。其中,饱和脂肪酸占脂肪酸总量的 11.6%,以棕榈酸和硬脂酸为主;不饱和脂肪酸占脂肪酸总量的 88.0%,含量最高的是亚油酸(40.2%),其次是油酸(34.1%)、顺-5,顺-11,顺-14-二十碳三烯酸(10.6%),含量最低的是顺-8,顺-11,顺-14,顺-17-二十碳四烯酸,仅为 0.10%。同时,在所提取的香榧籽油中均检测到顺-5,顺-11,顺-14-二十碳三烯酸(即金松酸),其含量为 10.6%,这与王衍彬等(2016)对香榧籽油中金松酸含量为 11.04% 的报道基本相符。有研究表明,金松酸可调节血脂水平,香榧籽油有较好的抗氧化活性,因此,香榧籽油的功能活性可能会由于金松酸的存在而受到影响。同时

值得注意的是,在所提取的香榧籽油中还发现少量顺-8,顺-11,顺-14,顺-17-二十碳四烯酸,这在其他文献中未有报道。

表 9-8　浙江省香榧籽油脂肪酸组成及含量

组成	相对含量/%
棕榈酸	8.19
十七烷酸	0.127
硬脂酸	3.20
油酸	34.1
亚油酸	40.2
亚麻酸	0.461
二十碳酸	0.164
顺-13-二十碳一烯酸	0.592
反-8,反-11-二十碳二烯酸	0.868
顺-11,顺-14-二十碳二烯酸	1.41
顺-5,顺-11,顺-14-二十碳三烯酸	10.6
顺-8,顺-11,顺-14,顺-17-二十碳四烯酸	0.101

与几种常见植物油脂脂肪酸含量进行比较,结果如表 9-9 所示。在这 6 种油脂中,大豆油的亚油酸含量明显高于油酸含量;橄榄油、山茶油和菜籽油的油酸含量均明显高于亚油酸;花生油和香榧籽油的油酸和亚油酸含量相

表 9-9　几种植物油脂脂肪酸组成及含量

单位:%

序号	脂肪酸	橄榄油	花生油	山茶油	大豆油	菜籽油	香榧籽油
1	棕榈酸	12.7	10.7	7.41	11.3	4.26	8.20
2	硬脂酸	3.08	3.45	2.59	4.52	2.68	3.20
3	油酸	72.5	39.6	78.8	23.4	51.6	34.1
4	亚油酸	8.99	36.6	9.51	51.8	20.8	40.2
5	亚麻酸	0.660	—		5.60	6.80	0.460
6	花生酸	0.410	1.02	0.320	0.500	—	

注:—代表未测出。

差不大,且这两种油脂的组成较为相似。从膳食平衡的角度来说,中国营养学会建议,食用油脂中饱和脂肪酸、单不饱和脂肪酸、多不饱和脂肪酸的比例以1:1:1为宜,日本的推荐标准是3:4:3。6种植物油脂中,最接近该比例的是花生油和香榧籽油。

对6种植物油脂进行系统聚类分析(见图9-1)可得,6种植物油脂可分为两大类:橄榄油、山茶油和菜籽油可归为一大类,这三种植物油脂均含有较多油酸(51.6%~78.8%),而菜籽油油酸含量比其他两种植物油脂低20%,故单独归为一小类;花生油、香榧籽油和大豆油可归为一大类,这三种植物油脂脂肪酸组成具有相似性,而组内的花生油和香榧籽油组成又极为相似,与组内的大豆油既有相似性,又有差别。

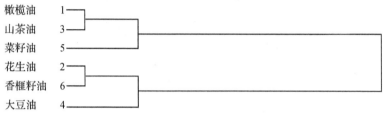

图9-1 不同植物油脂基于脂肪酸组成的聚类分析树状图

四、小结与讨论

对不同产地香榧性状的综合评价涉及香榧食用、加工等多方面的问题,所选取的香榧样品需具有代表性。本次试验所收集的41个香榧样品均来自香榧各大主产区。此外,香榧性状的综合评价结果因选取的指标体系或评价侧重点不同而不尽相同。本研究选取的指标既涵盖了香榧的即食性和营养价值指标,又侧重于食用商品性能指标。

表型是遗传和环境、结构基因和调节基因综合作用的结果,是各种形态特征的组合。表型变异可作为生物遗传变异的表征。树木种实性状的表型变异是研究植物种群的重要组成部分。探讨种实表型性状之间的相关关系,可以用来指导育种和林木种质资源保存中样本策略的制定。对浙江省香榧表型性状间的相关性分析显示,在5项果实性状中,有11对相关系数达到了显著水平,这表明为适应特定的生长环境,香榧呈现不同的表型性状。香榧出仁率与完善果率、单粒重、横径均呈极显著正相关,与颗粒大小呈极显著负相关,这说明香榧果实横径越大,单粒重越大,出仁率越高,完善果率越大,这与胡绍泉等(2016)的研究基本一致。因此,在浙江省香榧优良种源的选择中,可以选用果实横径、单粒重、出仁率、完善果率作为评价指标,确保果品品质的一致性,为香榧品质均一化提供数据支持。

主成分分析法研究表明,香榧果实大小和香榧种仁蛋白质、脂肪等理化性能是香榧果实品质影响的两类重要因素,且香榧果实大小的贡献率大于蛋白质、脂肪等理化性能,在香榧品质评价中具有重要作用,对衡量香榧果实品质的优劣有着重大指导意义,只有在保证香榧外在果实性状的前提下,香榧内在品质才会得以提升。因此,对香榧果实性状的评价需纳入其综合评价指标中,为品质评价指标的简化提供了可能。然后,对于如何更合理有效地进行香榧品质的评价,还需要更系统地建立数学模型。

香榧种仁中富含营养物质。本研究发现,香榧种仁中蛋白质平均含量达 12.5g/100g,富含 16 种氨基酸,且必需氨基酸占总氨基酸的质量分数为38.6%,药用氨基酸占总氨基酸的质量分数达 60% 以上,这与黎章矩等(2005)的研究结果基本吻合。然而,如何将这些营养物质的指标纳入香榧品质分级体系中还是一个值得进一步探讨的研究项目。

香榧脂肪酸组成多样,且具有一定的功能特性和营养价值。不饱和脂肪酸是人体不可缺少的,具有抗衰老、防动脉硬化和心血管疾病等功效。提高脂肪酸中油酸及亚油酸等不饱和脂肪酸含量,降低棕榈酸等饱和脂肪酸含量是油料作物品质改良的重点。本研究发现,香榧油脂中,脂肪酸主要组成成分是不饱和脂肪酸,约占其总量的 88%,高于胡绍泉等(2016)的测度结果,这可能与所选取的样品具有地区差异性有关。不饱和脂肪酸中,以亚油酸含量最高,油酸含量次之。此外,金松酸含量达 10.6%,这与王衍彬等(2016)对香榧籽油中金松酸含量为 11.04% 的报道基本相符。综上分析,香榧油脂的营养和经济价值极高,对香榧油脂功能性的进一步研究也显得尤为重要。

浙江省香榧果实性状间存在一定的相关性,7 项理化指标中,仅蛋白质含量和出油率与果实性状有一定的相关性,而油脂含量与其香味之间有一定的联系,因此,选择果实性状均一的果品有利于提高香榧果品品质。香榧种仁营养物质丰富,油脂脂肪酸组成多样,这些都为香榧的营养保健功能提供了保障。

第二节　浙江省炒制香榧中九种矿质元素含量的研究

测定的 41 个品牌香榧中,9 种矿质元素含量如表 9-10 所示。香榧中 9 种矿质元素含量丰富,各元素含量为钾>镁>钠>钙>锌>铜>铁>锰>硒,其中钾含量最高,远高于其他元素。通常认为变异系数≤10％时为弱变异,10％<变异系数≤100％时为中等变异,变异系数≥100％时为强变异。比较各元素的变异系数,可发现,镁含量为弱变异,锌含量为强变异,其余元素含量均为中等变异。浙江省香榧中,镁含量变幅相对较小,但锌含量差异极显著,最大值和最小值相差 30 倍,变异系数 179％。

表 9-10　浙江省香榧中 9 种矿质元素含量测定结果

指标	最小值	最大值	平均值	标准偏差	变异系数/％
钾含量/(g/kg)	9.64	16.4	12.6	1.52	12.0
镁含量/(g/kg)	3.96	6.04	5.05	0.424	8.4
钙含量/(g/kg)	1.43	2.90	2.12	0.376	23.7
锌含量/(mg/kg)	35.8	1090	117	209	179
铁含量/(mg/kg)	35.2	194.6	61.9	27.4	44.2
锰含量/(mg/kg)	18.4	49.2	35.6	7.28	20.4
铜含量/(mg/kg)	29.1	99.0	67.0	17.5	26.1
硒含量/(mg/kg)	0.134	0.367	0.224	0.0615	27.4
钠含量/(mg/100g)	149	396	252	0.061	22.7

绍兴、金华、杭州、宁波四地区香榧中,9 种矿质元素含量如表 9-11 所示,除铁、锰、钠外,其他元素含量存在显著的地区差异。

表 9-11　浙江省四地区香榧中 9 种矿质元素含量

指标	绍兴	金华	杭州	宁波
钾含量/(g/kg)	13.9±1.42a	12.1±1.31b	12.2±1.34ab	12.2±1.08ab
镁含量/(g/kg)	5.34±0.424a	4.85±0.383b	5.26±0.330ab	5.02±0.161ab
钙含量/(g/kg)	2.46±0.316a	1.97±0.334b	2.10±0.154ab	1.92±0.233b

指标	绍兴	金华	杭州	宁波
锌含量/(mg/kg)	235±347a	74.3±101b	53.8±12.1b	52.2±3.62b
铁含量/(mg/kg)	59.7±13.8a	63.6±32.9a	51.4±8.50a	65.8±37.3a
锰含量/(mg/kg)	38.4±5.13a	35.9±7.91a	32.2±3.99a	30.0±7.28a
铜含量/(mg/kg)	59.4±12.1a	65.0±18.2ab	83.6±15.4b	83.8±6.26b
硒含量/(mg/kg)	0.190±0.0320a	0.224±0.0632a	0.257±0.0250ab	0.290±0.0558b
钠含量/(mg/100g)	268±64.9a	240±50.2a	238±77.8a	280±46.2a

注:不同小写字母表示不同点位间差异显著。下同。

一、香榧中钾含量

钾是人体的一种必需矿质元素,具有维持人体碳水化合物、蛋白质代谢和细胞内外酸碱平衡,维持心肌功能等重要作用。人体缺钾时,容易引起全身乏力、心跳减弱,甚至导致某些心脏病发生。

浙江省香榧钾含量分布直方图如图 9-2 所示,约 68.3% 的香榧中钾含量为 11000~14000mg/kg,样本数据服从正态分布。如图 9-3 所示,香榧中钾含量存在一定的地区差异,绍兴地区显著高于金华、宁波地区;各县(区、市)香榧钾含量以临安区最低,诸暨市最高。

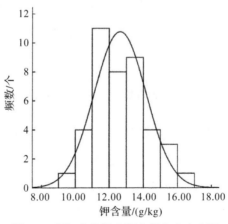

图 9-2　浙江省香榧中钾含量分布直方图

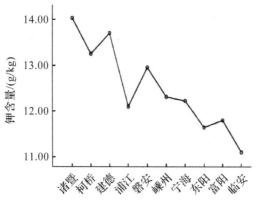

图 9-3　各县(区、市)香榧中钾含量均值图

　　浙江省香榧中,钾平均含量为 12639mg/kg,95％置信区间含量范围为 12115～13116mg/kg。香榧中,钾含量是所有干果中最高的。苏彦苹等(2017)测定 6 个新疆核桃,钾含量最高为 5347mg/kg;王一峰等(2014)测定成县核桃,钾含量最高为 6380mg/kg;钱新标等(2009)测定山核桃,钾含量为 1525mg/kg;王力川(2009)测定邢台板栗,钾含量最高为 4510mg/kg。

二、香榧中镁、锌、钙、铁、锰含量

　　浙江省香榧中含有丰富的镁、锌、钙、铁、锰,其中,镁含量高达 5.05g/kg,镁含量变异相对较小,钙、铁、锰含量属于中等变异,95％置信区间含量范围分别为钙 2.02～2.22g/kg、铁 53.2～70.5g/kg、锰 33.4～37.9g/kg。

　　由图 9-4 可以发现,全省香榧中,镁含量在 4.82～5.20g/kg 范围分布最多,其他组段频率依次向两边减少,呈现标准的正态分布趋势。钙、铁、锰含量则呈现低含量的分布频率明显大于高含量的趋势,其中以铁含量的趋势最明显,中、高组段(大于 95.8mg/kg)分布频率仅占 7.3％,铁含量大多集中在 50.3～64.5mg/kg。钙含量中组段(2.04～2.30g/kg)分布频率最高,而锰含量中低组段(26.1～32.2mg/kg)分布最多。

　　锌含量差异极显著,变异系数 179％。从图 9-5 中可以看出,87.8％样本的锌含量低于全省平均水平。差异极显著的 3 个样本值分别为 510mg/kg、831mg/kg、1090mg/kg,这可能是由于这些样本的种植地土壤中锌含量丰富,或是施用了锌含量丰富的肥料导致。由图 9-6 发现,诸暨市和磐安县香榧中锌含量远高于其他县(区、市)。

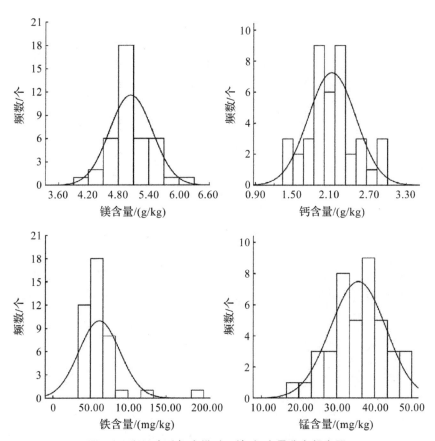

图 9-4　浙江省香榧中镁、钙、铁、锰含量分布频率图

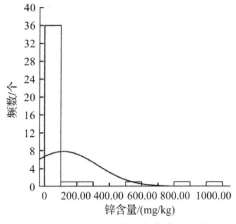

图 9-5　浙江省香榧中锌含量分布频率图

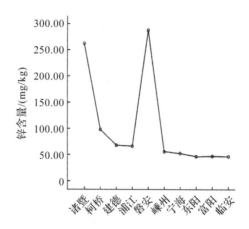

图 9-6   各县(区、市)香榧中锌含量均值图

香榧中铁、锰含量均无明显地区差异。根据表 9-11 结果,绍兴地区香榧中镁含量显著高于金华地区;钙含量显著高于金华、宁波地区;锌含量显著高于其他三个地区。由此可见,绍兴作为香榧主产区,其香榧产品在矿质元素含量上具有一定的优势。

三、香榧中铜含量

浙江省香榧中铜含量为 67.0mg/kg,相对较高,分析其原因,可能与香榧种植地土壤母体铜含量较高有关。胡祥林等(2006)提出将波尔多液用于香榧病虫防治,这也可能引起铜向香榧果实中迁移。

对比各地区香榧中铜含量结果,绍兴地区显著低于杭州和宁波地区;诸暨市、嵊州市、东阳市三大传统产区香榧中铜含量均相对较低;而作为近年来新发展的产区,浦江县、建德市、临安区、宁海县生产的香榧中含铜量相对较高,不过单从产品上并不能确定其铜的来源,需要从产地土壤、施肥等多方面综合考虑。

四、香榧中硒含量

硒是人体必需的微量元素,具有提高人体免疫力、促进维生素吸收、增强生殖、抗氧化、抗癌抗肿瘤等作用。香榧中硒含量为 0.134~0.367mg/kg,平均含硒0.224mg/kg,达到某些富硒食品的标准。民间认为,香榧具有延缓衰老、润泽肌肤的美容功能,这可能与其中硒元素含量较高有关。

从地区来看,宁波地区香榧硒含量显著高于绍兴、金华地区,而与杭州地区无明显差异;由图 9-7 可发现,东阳市、临安区、宁海县香榧硒含量相对较高。

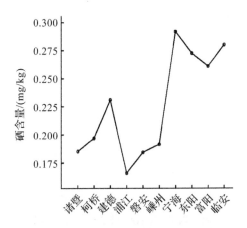

图 9-7　各县(区、市)香榧中硒含量均值图

香榧中硒含量可能与土壤性质及施肥等因素有关。徐绍清等(2012)研究土壤硒含量与杨梅果实硒含量相关性,认为杨梅硒含量与土壤硒含量之间存在极显著的正相关,同时发现浙东北沿海的宁波市、绍兴市以及浙中的金华盆地土壤硒含量较高,与本研究中香榧硒含量的分布趋势较为吻合。钱新标等(2009)分析山核桃果仁和不同母岩类型土壤的基本理化性质,发现硒为某些石灰岩土壤山核桃果仁所特有,认为山核桃中硒含量与土壤母岩特性相关,某些石灰岩风化后,硒在土壤中得到富集。马一校等(2013)认为充分利用天然的富硒土壤、施用有机肥等平衡土壤 pH、增加高硒土壤水溶性硒的含量、增施富硒肥等措施可以提高茶叶硒含量。因此,对香榧富硒与产地、土壤等方面的相关性研究值得进一步深入。

五、香榧中钠含量

浙江省炒制香榧种仁中钠含量为 2.52g/kg,绍兴、金华、杭州、宁波四地区无明显差异,全省约 58.5% 的香榧种仁中钠含量超过平均水平,但高组段分布频率相对较小。

香榧中钠来源有 2 个:一为炒制生产中添加的,二为香榧中天然含有的。本研究结果可发现,炒制香榧种仁中钠含量与黎章矩等(2005)、马长乐等(2015)报道的香榧种仁中钠含量(140mg/100g、17mg/100g)有很大差异,这可能是香榧炒制过程中添加了一定的食盐,大大提高了香榧的钠含量。目前,我国缺乏食品中钠含量限定标准,张雪松等(2014)调查中国预包装食品的钠含量,将钠含量大于 500mg/100g 的食品定义为高钠食品,且发现中国预包装食品的钠含量总体存在增加的趋势,带来的风险将不断增加。本研究中香榧钠含量最高为 398mg/100g,虽未达到高钠标准,但香榧炒制过程中应尽量控制食盐的加入量,避免成为高盐食品。

六、小结与讨论

香榧是我国特有的珍稀干果,具有很高的营养价值。本试验研究了浙江省炒制香榧中 9 种矿质元素,发现其含量非常丰富,为香榧的食疗作用提供了有力的理论支撑。浙江省香榧中,9 种矿质元素含量分别为钾 12.6g/kg、镁 5.04g/kg、钠 2.52g/kg、钙 2.12g/kg、锌 117mg/kg、铜 67.0mg/kg、铁 61.9mg/kg、锰 35.6mg/kg、硒 0.224mg/kg。其中,香榧中钾含量远高于核桃等干果,硒含量也较为可观,并以宁波地区的最为突出。但是需要注意的是,在香榧的加工炒制过程中需尽量控制食盐的加入,以免引起钠含量过高。对比各地香榧中矿质元素含量,发现以诸暨为重点的绍兴地区香榧中钾、镁、钙等多个元素含量高于其他地区,展现了较好的香榧品质。

香榧中矿质元素含量受地区、立地条件、病虫防治和林地施肥管理技术等多方面影响。戴文圣等(2006)研究香榧林地土壤养分,刘萌萌等(2014)研究香榧不同生长期叶片矿质元素的动态变化,提出在香榧植株成长不同阶段,合理施肥可有力促进香榧营养均衡,提高香榧品质。诸暨市林业局、绍兴市林业局等单位长期大力研究推广香榧的保花保果、病虫防治和林地施肥管理技术,在生产实践中取得了明显的成果。因此,在种植与加工生产中结合香榧产地自身的地理条件,通过科学引种,规模化及标准化生产,改善土壤肥力,合理施用肥料、杀虫剂,改进加工工艺等技术,可以改善香榧质量,保证香榧品质。

第十章 结论与建议

第一节 主要结论

一、香榧林地土壤养分空间异质性及其肥力评价

土壤有机质、碱解氮、有效磷和速效钾含量低值区主要分布在诸暨市和东阳市,高值区主要分布在柯桥区和嵊州市;而 pH 的空间分布格局则与之相反。总体上讲,浙江省香榧主产区土壤酸化以及养分失衡现象较为严重。土壤综合肥力指数表明柯桥区和嵊州市土壤较为肥沃,诸暨市和东阳市土壤综合肥力指数较低。为了保障香榧林地的可持续发展,建议采用生石灰、土壤调理剂等进行酸化土壤改良,在施肥过程中遵循"稳氮降磷控钾"的原则,采用测土配方施肥等方式,以调节香榧林地土壤养分,满足香榧不同生长阶段的养分需求。

二、不同林龄香榧叶片与土壤的碳、氮、磷生态化学计量特征

以浙江省杭州市 2 年、5 年、7 年、12 年生的香榧幼林为对象,对其叶片、土壤的化学计量特征及其相互关系进行分析。结果表明,①随着年龄增长,香榧叶片 N 含量及 N/P 降低,2 年生的显著高于 7 年生和 12 年生的($P<0.05$);叶片 C/N 增大,2 年生的显著低于 7 年生和 12 年生的($P<0.05$)。②随着香榧林龄的增大,土壤 C、N、P 含量及 C/N 呈升高趋势,而 N/P 下降,其中 12 年生的土壤 C、P 含量及 $10\sim30cm$ 深土层土壤 C/N 显著高于 2

年生的($P<0.05$),0~10cm 深土层土壤 N/P 则表现为 12 年生的显著低于 2 年生的($P<0.05$)。③叶片 N 含量与土壤 N/P,以及叶片 P 含量与土壤 C、P 含量具有显著正相关($P<0.05$);C/N、N/P 在叶片与土壤显著正相关 ($P<0.05$)。香榧幼林的生长主要受到 N 的限制,在生产经营过程中,可适 当增施 N 肥,提高香榧人工林生产力。

三、不同林龄香榧林生态系统碳储量初步研究

香榧不同器官碳密度波动范围为 428.3~492.3g/kg,含量大小依次为 叶片>枝条>根系。香榧碳储量在各器官中的平均分配比例较均匀,依次 为:根系(34.8%)>枝干(34.7%)>叶片(30.5%)。随着年龄的增大,香榧 人工林乔木层显著增大,草本层略有降低,枯落物层则保持相对稳定,土层 也明显增高。香榧人工林生态系统中乔木层碳储量所占比重明显升高,草 本层、枯落物层、土层所占比例则呈现下降趋势,而且不同林龄土层占整个 生态系统碳储量的 95.3%~95.9%。香榧人工林年平均生物量碳固定量为 58.85kg/hm²,生物量碳储量、总碳储量与林龄间呈线性相关,达极显著水平 ($P<0.01$);香榧不同器官生物量碳与地径的关系函数式也为线性方程,其 相关性均达显著水平($P<0.05$)。

四、天然次生林改造成香榧林对土壤活性有机碳的影响

不同树龄香榧土壤有机碳、易氧化碳和轻组有机质含量均随香榧树龄 的增加呈先增大后减小的趋势,且 300~500 年的数值最大,但易氧化碳与 轻组有机质含量在各树龄间的差异不明显。①不同树龄香榧土壤中易氧 化碳占土壤有机碳的比例总体表现为:50~100 年>0~50 年>100~300 年>300~500 年>500 年以上(0~20cm 深土层除外)。②各树龄段香榧 土壤易氧化碳、轻组有机质含量与土壤有机碳含量之间的相关性均达到极 显著水平;不同树龄段香榧土壤有机碳、各活性有机碳组分含量与全氮、碱 解氮、有效磷含量之间的相关性较好(0~50 年除外),与速效钾、交换性钙 含量与交换性镁含量之间的相关性较差(500 年以上除外);500 年以上香 榧土壤有机碳、各活性有机碳组分与土壤养分的相关性均达到极显著 水平。

五、不同立地与经营措施对香榧林地土壤肥力的影响

（一）不同母岩发育的香榧林地土壤肥力的差异

通过分析不同母岩发育的香榧林地土壤肥力的差异发现，不同母岩发育而来的不同类型土壤，表层与下层土壤有机质含量均存在明显差异，以花岗岩和石灰岩发育的林地土壤有机质含量较高，砂页岩发育的土壤有机质含量相对较低。不同母岩发育的香榧林地土壤 pH 存在较大的差异，土壤pH 水平对母岩有较大的继承性，$20\sim40cm$ 深土层的土壤特性更接近土壤的母岩层特性，所以差异比 $0\sim20cm$ 深土层更显著。林地养分同时受母岩和施肥处理的影响，3 种速效养分在不同母岩发育的香榧林地土壤中都存在着不同显著程度的差异，并且与有机质含量间均存在正相关关系；在有机质含量丰富的林地土壤，在矿化过程中能释放大量的营养元素为植物生长提供养分；但土壤 pH 与某些速效养分含量之间呈负相关关系，土壤的进一步酸化在一定程度上制约了土壤中速效养分的供给，林地过量施肥在使林地土壤有效养分含量提高的同时也使土壤酸化程度更加严重。

（二）不同经营年限下香榧林地土壤肥力的差异

通过分析比较不同经营年限下香榧林地土壤肥力的差异发现，不同经营年限下香榧林地土壤肥力存在明显的差异，随着经营年限的延长，香榧林地土壤养分得到一定的积累，土壤肥力增强。香榧林地表层土壤有机质变化幅度较大：在种植初期，有机质含量有明显的增幅；在种植香榧 2 年之后，虽然林地已经开始施肥管理，但是有机质含量不仅没有上升，反而下降，人为经营措施干扰了原有的立地环境，破坏了原有土壤的生态系统平衡，加速了林地土壤有机质的矿化分解；随着经营年限的增加，立地环境基本稳定，加上施肥等营林措施，种植香榧 6 年时的有机质含量达到较高水平，之后有所下降，但总体维持在较高的水平。随着香榧种植年限的增加，土壤酸度逐渐增强，呈现土壤酸化的趋势，这得引起足够的重视。不同经营年限下香榧林地土壤碱解氮、有效磷、速效钾三种速效养分的含量没有呈现相似的差异性特征；香榧林地碱解氮含量各年均保持较高的水平，随着经营年限的延长含量也显著增加；随着经营年限的延长，土壤中的有效磷也得到富集，但表层与下层之间的含量差异显著，下层的含量较低，在经营管理过程中得对有效磷进行合理的人为分布调节；不同经营年限的香榧林地土壤速效钾含量

与其他速效养分变化规律有所不同，没有随经营年限的延长得到明显的积累，各个年限间变化幅度较大，应结合各年份具体的生产状况，适当调节经营管理水平。

（三）不同坡位对香榧林地土壤肥力的影响

对不同坡位下香榧林地土壤养分含量的差异分析发现，不同坡位对土壤有机质和碱解氮、有效磷、速效钾三种速效养分含量产生比较明显的影响，对土壤 pH 的影响是不太显著的，对全氮、全磷、全钾这三种全量养分并没有呈现像对三种速效养分一样的影响效果；重金属铜元素在香榧林地中的含量是微量的，坡位对其有一定的影响。不同坡位对香榧林地土壤有机质的含量产生显著影响，土壤有机质含量随坡位的下降而升高，且北坡（阴坡）的有机质含量明显高于南坡（阳坡）。不同坡位对香榧林地土壤 pH 的影响较小，但它也随着坡位的升高而降低；碱解氮含量随坡位的升高而下降的趋势是显著的；有效磷含量在不同的坡位上产生了明显的差异，大致随坡位的升高而下降；速效钾含量也呈现随坡位的升高而下降的趋势。不同坡位对香榧林地土壤全氮含量的影响为其随坡向的差异而呈现不同的规律变化；全磷含量在高坡位较低，而在较低坡位比较高；全钾含量随坡位的变化没有呈现明显的变化规律，坡位并不是造成这一种差异的主要原因；重金属铜在香榧林地的含量尚处在正常范围内，呈现随坡位的下降而增加的趋势。

（四）不同垦殖方式下香榧林地土壤肥力的分布特征

对不同垦殖方式下香榧林地土壤肥力的空间分布特征进行研究分析发现，不同垦殖方式下香榧林地土壤肥力在植物微生境、垂直剖面、坡面再分布上呈现不同的分布特征。在水平方向上，清耕香榧林地土壤有机质、碱解氮和速效钾含量呈沿树干向外减少的分布特征，而生草栽培削弱了林地土壤有机质、碱解氮和速效钾含量的水平变化差异，有效磷含量在水平方向上差异达到显著水平，土壤 pH 则无明显变化规律。在垂直方向上，有机质、碱解氮、有效磷和速效钾含量随土层加深而逐渐减少，pH 则随之增大。在坡面再分布上，有机质、碱解氮和速效钾含量在清耕林地土壤的顺序为：下坡位＞中坡位＞上坡位，而在生草林地的顺序为：中坡位＞下坡位＞上坡位；土壤有效磷含量呈现无显著性差异的分布特征；土壤 pH 则随坡位的升高而降低。

（五）不同施肥处理对香榧林地土壤肥力的影响

不同施肥处理对香榧林地土壤肥力产生显著影响，施肥区块的土壤有机质、碱解氮、有效磷、速效钾含量均高于不施肥区块的，但不同施肥处理对香榧林地土壤 pH 的影响较小。施肥处理对香榧林地土壤有机质的影响主要体现在不同的施肥处理均显著提高了林地土壤的有机质含量，其中以施复合肥与有机肥的方式最为显著。施肥处理对香榧林地土壤 pH 的影响虽然存在着差异，但是差异没有达到显著水平。各种施肥处理条件下，下层土壤 pH 均高于表层土壤 pH，说明施肥处理对香榧林地土壤 pH 的影响较小。施肥处理对香榧林地土壤碱解氮、有效磷、速效钾三种速效养分含量产生了显著影响。各种施肥处理下，香榧林地土壤碱解氮含量之间的差异均达到显著水平，以复合肥与有机肥的配施对增加土壤碱解氮的效果最为明显；而对于增加土壤有效磷含量，则以施用有机肥的效果为最显著；各种施肥处理下，香榧林地土壤速效钾含量之间的差异没有达到显著水平，各种施肥处理均能很好地补充土壤的速效钾含量。综合分析，有机肥与复合肥结合施用对提高香榧林地土壤肥力最为有效，缓急相济，以满足香榧不同生长时期的营养需求。

六、香榧土壤根际土壤微生物多样性研究

本研究通过探讨同一海拔不同种植年限，以及诸暨、临安、新昌三个香榧主产区不同海拔根际土壤微生物群落结构和多样性，初步揭示了不同土壤环境下香榧根际土壤细菌和真菌的主要门类组成、优势菌目、微生物多样性、群落结构以及土壤化学性质变化，分析了香榧根际土壤微生物和土壤化学性质之间的相关性，以及香榧根际土壤微生物群落组成和土壤化学性质的变化规律，为土壤微生物应用于香榧林地质量改善提供科学依据。

（一）不同种植年限下香榧根际土壤微生物研究

相同海拔不同种植年限下香榧根际土壤化学性质差异显著。长期种植香榧导致根际土壤有机质、全氮、碱解氮含量显著降低，表明香榧长期种植可能对土壤质量和可持续利用产生不利影响。测序结果表明，香榧根际细菌群落丰度和多样性随种植年限增加而显著降低；而真菌群落丰度逐年降低，真菌群落多样性在种植 10 年时显著升高（与种植 5 年和 10 年香榧相比），表明香榧根际土壤细菌、真菌落丰度和多样性受种植年限影响较大。

对微生物群落结构分析发现,不同种植年限下香榧根际土壤细菌、真菌的群落结构发生显著改变,根瘤菌目、曲霉目和粪壳菌目等菌群丰度的变化可能与香榧林地地力衰退相关。相关性分析结果表明,种植年限、土壤有机质与全氮含量、C/N是影响不同种植年限下香榧根际土壤微生物群落结构变化的重要因子。因此,本研究结果为解决香榧林地地力衰退现象提供相关科学依据,对香榧产业的可持续发展也是十分重要的。

(二)不同主产区香榧根际土壤微生物研究

不同海拔三个主产区香榧根际土壤化学性质、微生物多样性差异显著,不同海拔微生物群落结构变化与土壤化学性质相关性显著,其中pH和有机质含量是影响不同海拔香榧根际土壤微生物群落结构变化的主要因子。不同主产区香榧根际土壤微生物主要门类相对丰度分析结果表明,香榧根际细菌主要由变形菌门、放线菌门、酸杆菌门、绿弯菌门、厚壁菌门、奇古菌门、芽单胞菌门和拟杆菌门组成。真菌主要由子囊菌门、担子菌门和接合菌门组成。其中,红螺细菌目、根瘤菌目和肉座菌目是香榧根际土壤的优势菌目。虽然主要门类和优势菌目没发生明显变化,但不同海拔香榧根际土壤细菌和真菌目的相对丰度差异显著,土壤微生物群落结构发生显著变化。

(三)改善香榧林地土壤质量的建议

红螺细菌目和根瘤菌目对氮元素循环过程起重要作用。芽孢杆菌目不仅可以固氮,还可以溶磷。在种植香榧过程中,特别是在石灰岩发育的土壤中,应该增施解磷菌,减少化学肥料的施用量,降低农业成本,提高香榧产量。对于强酸性土壤,特别是一些新开发的香榧基地,土壤养分含量已经很高了,应该减少化肥和有机肥的施用量,可以适当施加解磷菌、固氮菌,增加土壤微生物菌群丰度。对不同海拔土壤微生物多样性分析发现,诸暨海拔较低,土壤微生物多样性较低,说明香榧不宜种植在海拔较低的山地。对于已经种植的香榧基地,在管理过程中可以适当增施菌肥,提高土壤微生物群落多样性。

七、香榧根腐病株根际土壤微生物群落特征研究

(一)香榧根腐病株根际土壤微生物群落特征

本研究通过对健康和患根腐病香榧植株土壤微生物群落、功能活性、土壤性质和植物生理参数的综合分析,得出以下主要结论。

①根腐病导致了香榧的生物量和代谢活力下降。在根腐病作用下,植物地上和地下生物量都显著降低,植物生长不良;叶片含水量、总氮和叶绿素含量均显著降低。

②患病香榧根际土壤有机碳含量显著下降,这可能与C循环相关的微生物丰度的增加以及碳水化合物利用率提高有关,根腐病引起的这些变化有可能促进土壤有机质的分解。

③根腐病导致香榧土壤微生物丰度降低。患病香榧土壤中,细菌和真菌的丰度都显著降低。病株中地上生物量少,可能会降低土壤中有机化合物的输入,从而降低土壤微生物生物量。

④根腐病的发生改变了香榧根际土壤真菌群落组成,而细菌群落组成没有发生改变。细菌群落未发生改变,表明细菌群落对根腐病具有较强的抵抗性。患根腐病香榧土壤中赤霉菌属、隐球菌属、亚隔孢壳属、被孢霉属的相对丰度显著增加,是造成真菌群落结构变化的关键,可能与香榧根腐病的发生有密切关系。

⑤根腐病改变了微生物群落的代谢功能,向更高的C代谢和循环方向转变。根腐病的发生提高了微生物群落对碳水化合物的利用率以及C循环相关酶的活性,表明微生物群落代谢功能向更高的C代谢和循环方向转变。

⑥土壤有机碳、碱解氮含量和土壤含水量等土壤性质的变化是改变香榧土壤微生物群落组成的关键因素。好的土壤环境是防止根腐病发生的重要条件。在今后的香榧林地管理中,要特别关注有机碳、碱解氮等养分状况以及含水量。

(二)香榧林地土壤管理建议

本研究结果说明,不同经营年限、不同坡位、不同垦殖方式、不同施肥处理、不同母岩发育均对香榧林地土壤肥力产生不同程度的影响。但是香榧林地土壤有自身的特异性,对其构成影响的因素有很多,气候条件、地域条件、立地条件等都会对香榧林地土壤肥力产生影响,所以有关其他因素对其产生的影响有待进一步研究。对不同经营年限下香榧林地土壤肥力的差异研究以空间换时间的方法进行,就只能最大限度地保证各个空间的样地没有立地差异,所以需对同一块地建立多年跟踪调查研究体系,才能更好地研究时间维度上香榧林地土壤肥力的动态变化。结合香榧林地土壤肥力在空间分布上的特征研究,引入重金属监测和土壤微生物检测能更好地了解香榧林地土壤的健康状况与土壤肥力水平。研究分析不同施肥处理下香榧林地土壤肥力,得出有机肥与复合肥配合施用效果最佳的结论,但仅目前的研究结果还无法指导精准施肥,还需对有机肥的种类、复合肥的配比做进一步研究,通过长期定位研究和更多的大田肥料试验,制定香榧测土配方施肥方案和科学合理的施肥管理技术体系,以达到保护和提高土壤肥力,防止林地土壤肥力退化,减少环境污染的目的,以期产生长期经营的效果,实现香榧产业的可持续发展。

从香榧根际土壤微生物多样性角度研究香榧林地土壤状况,本研究采用高通量测序技术,分别从门和目的水平上分析香榧根际土壤微生物的组成,且在目的水平上平均鉴定超过 81.4%,具有较高的可靠性;但是高通量测序技术具有一定的保守性,无法将亲缘关系较近的种群区分开来,导致细菌在目以下水平上鉴定效果较差。故本研究中没有对微生物优势菌属及其功能进行深入研究。例如,根瘤菌目对氮元素循环过程起重要作用,故可以利用分子生物学技术进一步探讨根瘤菌目中相关的优势菌属在固氮方面所起的作用,为制定香榧专用菌肥提供菌种。本研究对香榧根际主要的致病菌研究较少,没有鉴定到种,找出相关的致病菌,故以后可以研究不同土壤类型下香榧主要致病菌的响应机制,为香榧产业可持续发展提供参考。

本研究只是针对新开发的香榧主产区,探讨不同种植年限下香榧根际土壤微生物多样性变化,取得的结果只能反应 15 年内的变化规律,而香榧是长寿树种,若要获得更加全面的结果,今后可以从 30 年、50 年、100 年甚至更长的时间梯度探讨香榧根际土壤微生物多样性变化,从而更加全面地了解香榧土壤微生态环境,使香榧产业更好的发展。

八、浙江省香榧质量等级标准研究

采用主成分分析法、聚类分析法和变异系数分析法等,对香榧完善果粒、颗粒大小、单粒重、横径、出仁率等 5 项果实性状指标,水分含量、蛋白质含量、脂肪含量、碳水化合物含量、粗纤维含量、灰分含量、出油率、氨基酸组成与含量、烟酸含量、维生素 B_1 含量、维生素 E 含量、香榧籽油的酸价与过氧化值、脂肪酸组成与含量等 14 项理化和营养指标,以及铜、锌、铁、镁、锰、钾、钠、钙、硒 9 种矿质元素含量进行了全面的分析研究,对炒制香榧的质量等级划分评价进行了详细的规定,形成了香榧质量综合评价指标体系。

第二节　研究展望

一、浙江省香榧土壤管理建议

近年来,随着浙江省效益农业、高效生态农业的发展和科技研究的日益深入,香榧产业化开发与经营迅速推进。人民生活水平的提高和社会的进步,也使香榧的市场需求不断扩大。香榧的经济、生态、文化功能进一步显现,香榧产业在促进山区农民增收致富、发展农村文化旅游、改善生态环境等方面发挥了重要作用。

为了适应当前香榧产业蓬勃发展的新形势,加快香榧产业的发展,需要全面系统地对香榧林地进行科学管理,对土壤管理提出以下建议。

（一）制定土壤养分分级标准

土壤养分状况需要借助土壤养分水平分级标准来进行评价。目前对香榧林地土壤的研究较少,迄今还没有相应的土壤养分分级标准来衡量香榧土壤养分状况。

（二）实施测土配方施肥

施肥是保证香榧高产稳产的必要措施。应根据浙江各地区香榧林地土壤肥力的实际状况,开展测土配方施肥,把握合理的肥料品种与配比、施肥量、施肥时间、施肥方法。采用"稳氮降磷控钾"的原则,以调节香榧林地土壤养分,最终实现浙江香榧产业的可持续发展。

1.肥料品种与配比

化肥肥效高且吸收快速,但如果长期不合理施用,会造成土壤酸化板结,令香榧减产和死亡。建议采用生石灰、土壤调理剂等进行酸化土壤改良,在施肥过程中采用"稳氮降磷控钾"的原则,以满足香榧在不同生长阶段的养分需求。

重金属铜主要来源于香榧林地施用的有机肥料。在有机质含量高的坡位,铜含量也高。在今后的经营生产过程中,应合理选择有机肥料的种类,在源头上有效降低土壤重金属的含量,保证香榧果实的安全性。

2.测土配方施肥

由于香榧林地土壤条件、香榧生长势的差异很大,所需的养分差异也很大,因此,理论上没有适用于所有类型香榧林地的"理想"肥料。

开展测土配方施肥,依据香榧需肥规律和土壤样品检测结果,由专家提供各养分元素配方及推荐使用量,结合实际提出肥料品种、肥料配比、施肥量,指导林农科学合理地施肥。

3.施肥时间与施肥量

香榧一年四季的生长情况有差异,对养分的需求也不同,施入土壤的肥料养分也不是马上就可以被植物吸收利用的,因此肥料要提前施用。此外,随着香榧树龄的增长,0~60cm深各土层土壤有机碳、易氧化碳、轻组有机质含量先增加后减少,土壤易氧化碳占土壤有机碳的比例逐渐降低。因此,在今后香榧的经营管理过程中,应加强对幼年及壮年时期香榧土壤的改良,通过合理施肥、翻耕等措施改善林地的水热、养分因子和土壤结构,增强土壤碳库的稳定性。

香榧幼林生长易受到氮元素的限制,且随着林龄的增大而更加明显。因此,在土壤管理过程中,可以适当增施氮肥。

随着香榧种植年限的增长,香榧林地的酸化现象值得引起重视,得结合一定的措施,如石灰中和等,使香榧林地土壤 pH 维持在有利于可持续生产的水平。在香榧林地的经营管理过程中,还应该结合当年的天气水平增强或减弱经营管理措施的力度,适当调整经营管理措施的类型。

4.施肥方法

为了使香榧林地土壤有机质含量保持在较高水平,应对营林初期的管理更加精细,尽量不要破坏原有的立地环境,增加林地土壤肥料的供给,有利于保土保肥。现在林农最常用的施肥方法是地表撒施,但撒施的肥料容易挥发和流失,不利于根系向地下发展和土壤下层养分积累。

因此,应提倡沟施和穴施。但无论用何种施肥方法,都要注意离香榧主干 1.5m 以上;肥料大致要施在树冠投影范围内;再次施肥时,施肥沟(穴)位置不能在上次施肥的同一地点。

沟施:挖土深 5~10cm,施肥后覆土,由于沟施比撒施深、肥料集中,肥效损失少,有利于将肥料施到作物根系层,因此有"施肥一大片,不如一条线"之说。根据香榧林地地形地势,可以条状沟施、环状沟施、放射状沟施。

穴施:在香榧林地内多点挖穴或打孔施肥。采用穴施的有机肥需充分腐熟;化肥需适量,避免穴内浓度较高,伤害作物根系。

针对浙江省香榧主产区的林地土壤酸化、养分失衡和重金属污染等问题,要迫切开展土壤酸化改良、测土配方施肥研究,以平衡林地土壤养分。同时,应阐明土壤质量与香榧生长的定量关系,筛选影响香榧产量和品质的主要环境因子。

二、香榧果实加工技术展望

香榧产业发展的技术瓶颈主要在标准化加工和规模化生产上。香榧传统加工工艺步骤多且效率低,自动化及智能化水平不高,因此,对香榧加工技术开展进一步研究具有重要的社会及经济价值。在此,我们对香榧加工技术研究提出以下几点建议。第一,由于香榧加工预处理的时间最少要一个月,因此,需要研究新的加工工艺以缩短加工周期,缩短产品上市时间。第二,目前对香榧堆沤后熟过程中营养变化、堆沤环境温湿度对脱涩时间的影响、脱涩完成量化指标未见报道,因此,需要进一步研究最大程度减少堆沤工艺对香榧品质影响的机制。第三,香榧去除假种皮技术不够成熟,大多采用人工方法,效率低下,因此,需要研制一种不破坏香榧假种皮药用价值的香榧去皮机。第四,目前香榧大多采用人工炒制或机械半自动化炒制,全凭工人经验,导致加工质量参差不齐,因此,需要研制一种智能自动化炒制设备,结合品质分析解决香榧的规模化、智能化加工难题。第五,目前香榧在国内市场上大多混级销售,或手工粗略分级后销售,很难提高香榧的商品化程度,增加其产业附加值;由于手工分级费工费时、效率低下、准确度不高、一致性差,影响其后续深加工的效果;由于现行的等级标准多为定性而非定量指标,往往造成虽是同等级产品,但因产地不同,实际质量不尽相同。因此,在分级标准与生产、流通、销售等的结合程度,分级标准的科学性,分级配套服务等方面还需要进一步加强,解决标准过于简单模糊,缺乏量化指标,对感官指标、理化指标和食品安全卫生指标在质量分级中的作用认识不到位,分级指标的检测及可操作性不强,分级指标的更新不及时等问题。因此,在香榧加工、在线品质检测、评价与分级的关键技术方面急需解决香榧加工工艺复杂、加工前后两个阶段的综合品质特征无损检测,以及满足在线要求的分级理论与实践问题。

综上所述,科学引种、规模及标准化生产、改进传统加工工艺、提升加工水平已成为香榧产业发展重要的课题。因此,香榧栽培专家系统、病虫害监测与防治决策支持系统、香榧果实采摘机器人、香榧加工工艺优化及其智能化加工设备、香榧产品及衍生商品品质智能检测与分级等系统研发将是实现香榧产业化发展的关键所在。

参 考 文 献

敖为赳,2010.香榧资源遥感调查及其生长适宜性评价研究[D].杭州:浙江大学.

鲍建峰,2010.香榧假种皮提取物成分分析及功能研究[D].杭州:浙江大学.

曹丽花,刘合满,赵世伟,2011.当雄退化草甸土壤有机碳分布特征及其与土壤主要养分的关系[J].中国农学通报,27(24):69-73.

查文东,2020.香榧栽培管理技术[J].合肥:安徽林业科技,46(6):27-29.

柴炳文,2018.氮沉降和生物质炭添加对香榧林地土壤微生物的影响[D].杭州:浙江农林大学.

柴旭旭,万志兵,李波,2020.不同营养液对香榧幼苗生长的影响[J].吉林农业科技学院学报,29(2):5-7.

陈东升,孙晓梅,张守攻,2016 不同年龄日本落叶松人工林生物量、碳储量及养分特征[J].应用生态学报,27(12):3759-3768.

陈慧,郝慧荣,熊君,等,2007.地黄连作对根际微生物区系及土壤酶活性的影响[J].应用生态学报,(12):2755-2759.

陈佳妮,廖亮,黄增冠,等,2015.香榧与榧树叶片光合特性及其光保护机制的比较[J].林业科学,51(10):134-141.

陈李红,金国龙,孙蔡江,等,2006.香榧细菌性褐腐病的症状及防治试验[J].江苏林业科技,33(3):18-19.

陈盛,2019.施肥、坡向、林龄对香榧叶片碳氮磷化学计量及精油成分的影响[D].合肥:安徽农业大学.

陈喜友,杨伟明,姜素芳,2016.不同类型肥料对香榧苗木生长影响的研究[J].安徽林业科技,42(5):16-18.

陈振德,郑汉臣,傅秋华,等,1998.国产榧属植物种子油含量及其脂肪酸测定[J].中国中药杂志,(8):8-9.

陈祖海,朱志柳,季良洪,2020.香榧套种经济作物的效果研究[J].农业技术与装备,371

(11):109-110.

程诗明,闵会,康志雄,等,2014.香榧天然群体遗传多样性分析与评价研究[J].浙江林业科技,34(4):11-16.

程晓建,黎章矩,戴文圣,等,2009.香榧的生态习性及其适生条件[J].林业科技开发,23(1):39-42.

戴文圣,黎章矩,曹福亮,等,2006.香榧林地土壤及其种子矿质元素含量分析[C]//浙江省林学会.2006浙江林业科技论坛论文集.杭州:浙江省科学技术协会,2006:5.

戴文圣,黎章矩,程晓建,等,2006.香榧林地土壤养分、重金属及对香榧子成分的影响[J].浙江林学院学报,23(4):393-399.

戴雅婷,闫志坚,解继红,等,2017.基于高通量测序的两种植被恢复类型根际土壤细菌多样性研究[J].土壤学报,54(3):735-748.

董点,林天喜,唐景毅,等,2014.紫椴生物量分配格局及异速生长方程[J].北京林业大学学报,36(4):54-63.

董佳琦,张勇,傅伟军,等,2021.香榧主产区林地土壤养分空间异质性及其肥力评价[J].生态学报,41(6):2292-2304.

段芳芳,2018.香榧假种皮化学成分及生物活性研究[D].杭州:浙江农林大学.

范志强,沈海龙,王庆成,等,2002.水曲柳幼林适生立地条件研究[J].林业科学,8(2):38-43.

冯雨星,2019.香榧根腐病株根区土壤微生物群落特征研究[D].杭州:浙江农林大学.

傅华,裴世芳,张洪荣,2005.贺兰山西坡不同海拔梯度草地土壤氮特征[J].草业学报,14(6):50-56.

高杰,郭子健,刘艳红,2016.北京松山不同龄级天然油松林生物量分配格局及其影响因子[J].生态学杂志,35(6):1475-1480.

高雅迪,胡渊渊,吴家胜,2020.氮沉降对香榧林地土壤理化性状及植株性状的影响[J].浙江农业科学,61(10):2006-2008,2012.

高樟贵,张敏,厉锋,等,2018.香榧病虫害研究进展[J].浙江林业科技,38(5):98-104.

龚伟,胡庭兴,王景燕,等,2008.川南天然常绿阔叶林人工更新后土壤碳库与肥力的变化[J].生态学报,(6):2536-2545.

古研,赵振东,李冬梅,等,2012.提取技术对香榧假种皮提取物组成影响的研究[J].林产化学与工业,32(1):8-14.

顾雅青,惠富平,2019.绍兴会稽山香榧群历史文化及其遗产旅游研究[J].中国农史,38(3):123-131.

郭维华,2002.香榧落果机制与保果技术研究[J].浙江林学院学报,19(4):61-64.

韩畅,宋敏,杜虎,等,2017.广西不同林龄杉木、马尾松人工林根系生物量及碳储量特征[J].生态学报,37(7):2282-2289.

韩凝,张秀英,王小明,等,2009.基于面向对象的 IKONOS 影像香榧树分布信息提取研究[J].浙江大学学报(农业与生命科学版),35(6):670-676.

何关福,马忠武,印万芬,等,1985.中国特有种子植物香榧叶中的一个新二萜成分[J].综合植物生物学杂志,(3):300-303.

何姗,2019.香榧在园林绿化建设中的应用[J].乡村科技,33(9):71-72.

何宛燕,陈雨欣,于勇杰,等,2015.香榧假种皮提取物的体外抗氧化活性研究[J].中国野生植物资源,34(6):1-4,17.

胡绍泉,求鹏英,杜轶君,等,2016.绍兴市售香榧坚果品质研究[J].中国南方果树,45(3):102-106.

胡文翠,申响保,谭晓风,等,2006.香榧不同部位 DNA 提取效果研究[J].湖南林业科技,33(6):17-19.

胡祥林,朱雅芳,蔡美伟,等,2006.香榧主要病虫害的危害症状和防治方法[J].林业调查规划,(S2):149-151.

胡玉熹,管领强,汤仲鋆,1985.香榧茎的次生韧皮部结构及其含量韧皮纤维的发育[J].植物学报(英文版),(6):569-575.

胡中成,郑伟刚,陆锡其,等,2005.香榧苗木立枯病症状及防治试验[J].浙江林业科技,25(1):57-59.

黄兴召,黄坚钦,陈丁红,等,2010.不同垂直地带山核桃林地土壤理化性质比较[J].浙江林业科技,(6):23-27.

黄增冠,喻卫武,罗宏海,等,2015.香榧不同叶龄叶片光合能力与氮含量及其分配关系的比较[J].林业科学,51(2):44-51.

贾晓会,2017.香榧叶化学成分及抗氧化、抗疲劳活性研究[D].杭州:浙江农林大学.

江丽娟,郑怀阳,周伟龙,等,2019.香榧-大豆复合经营对土壤化学性质的影响[J].福建林业科技,46(2):22-24,29.

金侯定,喻卫武,曾燕如,等,2017.香榧 *Torreya grandis Merrillii* 的扦插繁殖[J].浙江农林大学学报,34(1):185-191.

金天大,张虹,王洪泉,等,1997.日本榧叶挥发油成分分析[J].中药材,(11):563-568.

金志凤,杨忠恩,赵宏波,等,2012.基于气候-地形-土壤因子和 GIS 技术的浙江省香榧种植综合区划[J].林业科学,48(1):42-47.

匡冬姣,雷丕锋,2015.不同林龄杉木人工林细根生物量及分布特征[J].中南林业科技大学学报,35(6):70-74

赖根伟,叶飞林,胡双台,2017.有机碳肥对香榧幼林生长影响研究初报[J].林业科技,42(4):10-12.

黎章矩,骆成方,程晓建,等,2005.香榧种子成分分析及营养评价[J].浙江林学院学报,22(5):540-544.

李爱华,向珊珊,李坤位,等,2020.嫁接时间和嫁接方法对香榧苗成活和春梢生长的影响 [J].湖北林业科技,49(5):24-25,30.

李桂玲,王建锋,黄耀坚,等,2001.几种药用植物内生真菌抗真菌活性的初步研究[J].微 生物学通报,(6):64-68.

李桂玲,王建锋,黄耀坚,等,2001.植物内生真菌抗肿瘤活性菌株的筛选[J].菌物系统, (3):387-391.

李林竹,2019.焙烤香榧果仁的香气成分研究[D].北京:北京林业大学.

李麟杰,2016.不同立地与经营措施对香榧林地土壤肥力的影响[D].杭州:浙江农林 大学.

李鹏,管珍妮,求鹏英,等,2017.不同基质和植物生长调节剂对香榧扦插生根的影响[J]. 湖北农业科学,56(12):2294-2296.

李瑞芳,2014.微量元素对香榧产量品质的影响[D].杭州:浙江农林大学.

李雪萍,李建宏,漆永红,等,2017.青稞根腐病对根际土壤微生物及酶活性的影响[J].生 态学报,37(17):5640-5649.

李影,2017.诗人眼中的香榧[J].中国林业产业,(12):28-29.

林宝珠,王琼,2013.科尔沁沙地樟子松疏林草地土壤有机碳及其稳定性特征[J].安徽农 业科学,41(15):6681-6683.

刘波,余艳峰,张赟齐,等,2008.亚热带常绿阔叶林不同林龄细根生物量及其养分[J].南 京林业大学学报(自然科学版),(5):81-84.

刘佳,2020.香榧种植技术及效益分析[J].农业开发与装备,(1):225-227.

刘美安,钱智慧,朱超,等,2019.不同施肥处理对香榧苗生长的影响[J].乡村科技,48 (30):95-96.

刘萌萌,曾燕如,江建斌,等,2014.香榧叶片中8种矿质元素年周期季节性变化规律[J]. 经济林研究,32(2):105-109.

刘荣杰,吴亚丛,张英,等,2012.中国北亚热带天然次生林与杉木人工林土壤活性有机碳 库的比较[J].植物生态学报,36(5):431-437.

刘仙石玄,潘建华,朱小环,等,2014.不同树种遮荫对香榧幼龄期生长的影响[J].福建林 业科技,41(3):86-89.

柳敏,宇万太,姜子绍,等,2006.土壤活性有机碳[J].生态学杂志,(11):1412-1417.

鲁如坤,2000.土壤农业化学分析方法[M].北京:中国农业科技出版社.

罗凡,郭少海,杜孟浩,等,2021.预处理条件对香榧仁油品质的影响研究[J].中国粮油学 报,36(4):70-75.

吕阳成,宋进,骆广生,2005.香榧假种皮中紫杉醇的检定[J].中药材,(5):370-372.

马玲,马琨,杨桂丽,等,2015.马铃薯连作栽培对土壤微生物多样性的影响[J].中国生态 农业学报,23(5):589-596.

马闪闪,赵科理,丁立忠,等,2016.临安市不同山核桃产区土壤肥力状况的差异性研究[J].浙江农林大学学报,33(6):953-960.

马少杰,2011.不同经营类型毛竹林土壤活性有机碳的差异[D].北京:中国林业科学研究院.

马一校,何佳宁,黄亚辉,2013.茶叶中的硒及富硒茶的研究[J].广东茶业,(4):10-12.

马长乐,周稚凡,李向楠,等,2015.云南榧子和香榧子营养成分比较研究[J].食品研究与开发,36(14):92-94.

苗翠苹,2015.三七根际土壤微生物的群落特征[D].昆明:云南大学.

泮樟胜,廖焕荣,吴恒祝,等,2018.2种遮荫措施对香榧苗木生长的影响[J].福建林业科技,45(4):43-46.

钱新标,徐温新,张圆圆,等,2009.山核桃果仁微量元素分析初报[J].浙江林学院学报,26(4):511-515.

钱逸凡,伊力塔,张超,等,2013.浙江省中部地区公益林生物量与碳储量[J].林业科学,49(5):17-23.

钱宇汀,2019.香榧瘿螨危害对香榧叶片结构及生理特性的影响[D].杭州:浙江农林大学.

钱宇汀,薛晓峰,曾燕如,等,2020.香榧瘿螨为害对香榧叶片结构及叶绿素质量分数的影响[J].浙江农林大学学报,37(2):296-302.

邵兴华,张建忠,夏雪琴,等,2012.长期施肥对水稻土酶活性及理化特性的影响[J].生态环境学报,21(1):74-77.

盛浩,李洁,周萍,等,2015.土地利用变化对花岗岩红壤表土活性有机碳组分的影响[J].生态环境学报,24(7):1098-1102.

宋其岩,毛传亮,陈友吾,等,2021.香榧主要病虫害发生情况调查[J].浙江林业科技,41(2):79-84.

苏彦苹,赵爽,李保国,等,2017.6个新疆核桃优系核仁营养评价[J].中国粮油学报,32(1):59-66.

孙蔡江,杨惠萍,2003.香榧紫色根腐病的防治[J].浙江林业科技,23(5):44-45.

孙伟军,方晰,项文化,等,2013.湘中丘陵区不同演替阶段森林土壤活性有机碳库特征[J].生态学报,33(24):7765-7773.

孙小红,王国夫,杜轶君,等,2018.绍兴香榧坚果品质变异分析及综合评价[J].食品科学,39(3):129-134.

孙小红,周瑾,胡春霞,等,2019.不同海拔对香榧种子外观性状及营养品质的影响[J].果树学报,36(4):476-485.

唐辉,2014.氮元素营养对香榧苗期光合特性和氮代谢的影响[D].杭州:浙江农林大学.

唐辉,李婷婷,沈朝华,等,2014.氮元素形态对香榧苗期光合作用、主要元素吸收及氮代谢的影响[J].林业科学,50(10):158-163.

遆建航,2020.不同复合经营模式对香榧林地土壤理化性质及细菌多样性的影响[D].合肥:安徽农业大学.

田鑫,穆文碧,张建永,2021.香榧不同部位的化学成分和药理活性研究进展[J].天然产物研究与开发,33(4):637,691-715.

王丹丹,2019.林地管理对香榧生长及土壤肥力的影响[D].合肥:安徽农业大学.

王婧,野村正人,古研,等,2018.香榧种子含油量及脂肪酸组成对比研究[J].生物质化学工程,52(4):7-11.

王力川,2009.邢台板栗营养成分分析[J].安徽农业科学,37(12):5716-5717.

王巧,夏欣欣,沈维维,等,2018.香榧微量元素和重金属含量的测定与聚类分析[J].食品研究与开发,39(19):153-157.

王小明,2010.基于信息技术的枫桥香榧生境特征分析与适宜性评价[D].杭州:浙江大学.

王小明,敖为赳,陈利苏,等,2010.基于GIS和Logistic模型的香榧生态适宜性评价[J].农业工程学报,26(S1):252-257.

王小明,王珂,敖为赳,等,2008.基于空间信息技术的香榧适生环境因子分析[J].应用生态学报,19(11):2550-2554.

王小明,周本智,曹永慧,等,2010.GIS支持下的会稽山区香榧种群生境特征[J].江西农业大学学报,32(3):523-527.

王新辉,沈掌泉,王珂,等,2009.基于面向对象的香榧资源分布遥感调查研究[J].科技通报,25(2):160-166.

王亚杰,2017.基于多源数据的香榧林分布信息提取及动态变化监测研究[D].杭州:浙江农林大学.

王衍彬,刘本同,秦玉川,等,2016.不同品种香榧种子油脂肪酸及香味物质组成分析[J].中国油脂,41(02):101-105.

王一峰,王明霞,付康,等,2014.成县核桃营养成分及矿质元素含量多样性分析[J].现代农业科技,(23):313-316.

王勇,陈昱君,冯光泉,等,2007,三七根腐病与施肥关系试验研究[J].中药材,30(9):1063-1065.

王政权,王庆成,2000.森林土壤物理性质的空间异质性研究[J].生态学报,(6):945-950.

魏崃,王伟威,李馨园,等,2017.大豆抗腐霉根腐病的生理差异研究[J].大豆科学,36(3):425-429.

魏晓骁,2017.连栽障碍地杉木优良无性系土壤特性分析及酚酸鉴定[D].福州:福建农林大学.

翁永发,康志雄,陈友吾,等,2011.菌肥对香榧等控根容器苗生长的影响[J].浙江林业科技,31(3):25-27.

吾中良,徐志宏,陈秀龙,等,2005.香榧病虫害种类及主要病虫害综合控制技术[J].浙江林学院学报,22(5):545-552.

吴翠蓉,柴振林,朱杰丽,等,2019.浙江省炒制香榧中9种矿质元素含量的研究[J].食品工业,40(1):200-204.

吴帆,韩琴,于勇杰,等,2014.香榧与油茶籽中脂肪酸成分的GC-MS分析[J].中国野生植物资源,33(1):36-39.

吴文跃,孙伟韬,姚顺彬,等,2016.基于GIS的香榧产业规划用地评价研究——以浙江东阳市为例[J].林业资源管理,2(1):126-129,134.

吴翔,2010.高温胁迫下香榧叶片的生理生化反应[D].杭州:浙江农林大学.

吴照祥,郝志鹏,陈永亮,等,2015.三七根腐病株根际土壤真菌群落组成与碳源利用特征研究[J].菌物学报,34(1):65-74.

肖鹏,李永夫,姜培坤,等,2012.常绿阔叶林改造成雷竹林对土壤活性碳库与氮库的影响[J].湖北农业科学,51(21):4739-4744.

谢锦升,杨玉盛,杨智杰,等,2008.退化红壤植被恢复后土壤轻组有机质的季节动态[J].应用生态学报,(3):557-563.

谢涛,王明慧,郑阿宝,等,2012.苏北沿海不同林龄杨树林土壤活性有机碳特征[J].生态学杂志,31(1):51-58.

谢玉清,张丽娟,茆军,2015.新疆地区根腐病大蒜根际土壤微生物群落特征研究[J].现代农业科技,(21):133-135.

徐立伟,马佳慧,于淼,2020.香榧的营养和功能成分研究进展[J].食品工业,41(8):210-214.

徐明岗,于荣,孙小凤,等,2006.长期施肥对我国典型土壤活性有机质及碳库管理指数的影响[J].植物营养与肥料学报,(4):459-465.

徐绍清,柴春燕,陈晓强,等,2012.土壤硒含量与杨梅果实硒含量相关性研究[J].浙江林业科技,32(5):13-15.

许晶,祝虹梁,2017.绍兴香榧产业发展现状与发展思路[J].林业经济,39(7):110-112.

寻路路,赵宏光,梁宗锁,等,2013.三七根腐病病株和健株根域土壤微生态研究[J].西北农业学报,22(11):146-151.

严邦祥,夏丽敏,朱志柳,等,2021.立地条件对香榧幼树生长的影响[J].浙江农业科学,62(1):87-88,94.

杨帆,2017.不同层次土壤中微生物群落对扰动和豆科植物生长的响应[D].咸阳:西北农林科技大学.

杨玲,张前兵,王进,等,2013.管理措施对绿洲农田土壤总有机碳及易氧化有机碳季节变化的影响[J].石河子大学学报(自然科学版),31(5):549-555.

杨月欣,2002.中国食物成分表[M].北京:北京大学医学出版社.

叶珊,王为宇,周敏樱,等,2017.不同采收成熟度和堆沤方式对香榧种子堆沤后熟品质的影响[J].林业科学,53(11):43-51.

叶伟华,宋其岩,杜国坚,2020.生态经营对香榧生长和土壤生态的影响[J].浙江农业科学,61(8):1546-1547,1611.

叶雯,2018.香榧根际土壤微生物多样性研究[D].杭州:浙江农林大学.

叶雯,李永春,喻卫武,等,2018.不同种植年限香榧根际土壤微生物多样性[J].应用生态学报,29(11):3783-3792.

叶晓明,2019.香榧绿藻的培养、鉴定及其对香榧叶片光合的影响研究[D].杭州:浙江农林大学.

叶仲节,柴锡周,1986.浙江林业土壤[M].杭州:浙江科学技术出版社.

易官美,包燕春,2016.香榧转录组测序及生物信息学基础分析[J].山东农业大学学报(自然科学版),47(1):19-24.

殷有,刘源跃,井艳丽,等,2018.辽东山区三种典型林型土壤有机碳及其组分含量[J].生态学杂志,37(7):2100-2106.

于美,张川,曾茂茂,等,2016.香榧坚果中油脂和蛋白质的研究进展[J].食品科学,37(17):252-256.

于荣,2001.长期施肥土壤活性有机碳的变化及其与土壤性质的关系[D].北京:中国农业科学院.

于勇杰,韩琴,倪穗,等,2015.超临界CO_2萃取香榧假种皮提取物的工艺优化及其主要成分分析[J].中国粮油学报,30(6):67-73.

余妙,蒋景龙,任绪明,等,2018.西洋参根腐病发生与根际真菌群落变化关系研究[J].中国中药杂志,43(10):2038-2047.

喻卫武,2020.香榧生态高效栽培技术[J].浙江林业,(10):22.

臧威,孙翔,孙剑秋,等,2014.南方红豆杉内生真菌的多样性与群落结构[J].应用生态学报,25(7):2071-2078.

张春苗,2011.香榧林地土壤肥力及树木营养诊断与施肥的研究[D].杭州:浙江农林大学.

张建杰,李富忠,胡克林,等,2009.太原市农业土壤全氮和有机质的空间分布特征及其影响因素[J].生态学报,29(6):3163-3172.

张书亚,李玲,陈秀龙,等,2017.香榧果实褐斑病病原菌鉴定及防治药剂筛选[J].植物保护学报,44(5):817-825.

张小辉,严志伟,邓朝富,等,2019.砧木地径大小对当年香榧生长的影响[J].湖北林业科技,48(3):54-56.

张晓兰,向建军,梁涛,2016.香榧群落生长调查及林分植物多样性分析[J].湖南林业科技,43(3):71-74,78.

张雪松,王竹,何梅,等,2014.中国预包装食品钠含量现状及其变化趋势分析[J].卫生研究,43(2):250-253

张雨洁,2019.会稽山香榧土壤有机碳特征研究[D].北京:中国林业科学研究院.

张雨洁,王斌,李正才,等,2018.不同树龄香榧土壤有机碳特征及其与土壤养分的关系[J].西北植物学报,38(8):1517-1525.

张雨洁,王斌,李正才,等,2019.施肥措施对古香榧林地土壤活性有机碳和养分的影响[J].林业科学研究,32(2):87-93.

张雨洁,王斌,李正才,等,2019.天然次生林改造成香榧林对土壤活性有机碳的影响[J].生态环境学报,28(4):709-714.

赵雨馨,2018.氮沉降与生物炭对香榧生长和种子品质的影响[D].杭州:浙江农林大学.

郑芬,2021.香榧的发展前景与栽培利用研究[J].河南农业,(5):26-27.

郑亚辉,2021.遮荫对香榧幼苗生理特性的影响[J].安徽林业科技,47(1):20-22.

朱国胜,桂阳,黄永会,等,2005.中国种子植物内生真菌资源及菌植协同进化[J].菌物研究,(2):10-17

朱江,韩海荣,康峰峰,等,2016.山西太岳山华北落叶松生物量分配格局与异速生长模型[J].生态学杂志,35(11):2918-2925.

朱杰丽,柴振林,吴翠蓉,等,2019.浙江省香榧及其油脂综合性状研究[J].中国粮油学报,34(3):67-73.

朱丽琴,黄荣珍,段洪浪,等,2017.红壤侵蚀地不同人工恢复林对土壤总有机碳和活性有机碳的影响[J].生态学报,37(1):249-257.

朱卫星,2009.香榧栽培综论[J].中国林业,(7):46.

朱永淡,赵文刚,张建成,等,2005.香榧幼龄期抗逆性观察和试验[C]//.浙江省第二届林业科技周科技与林业产业论文集,113-118.

Bell C W,Fricks B E, Rocca J D, et al,2013. High-throughput fluorometric measurement of potential soil extracellular enzyme activities[J]. Journal of Visualized Experiments,(81):50961.

Brockett B F T, Prescott C E,Grayston S J,2012. Soil moisture is the major factor influencing microbial community structure and enzyme activities across seven biogeoclimatic zones in western Canada[J]. Soil Biology and Biochemistry,44(1):9-20.

Cambardella C A,Moorman T B,Novak J M,et al,1994. Field-scale variability of soil properties in central Iowa soils[J]. Soil Science Society of America Journal,58(5):1501-1511.

Chaparro J M,Badri D V, Vivanco J M,2014. Rhizosphere microbiome assemblage is affected by plant development[J]. The ISME Journal,8(4):790-803.

Chen J, Sun X, Li L, et al,2016. Change in active microbial community structure, abundance and carbon cycling in an acid rice paddy soil with the additionof biochar [J]. European Journal of Soil Science,67(6):857-867.

Chen X,Brockway D G, Guo Q,2020. Burstiness of seed production in longleaf pine and Chinese torreya[J]. Journal of Sustainable Forestry,(1):1-9.

Chen X, Chen H,2020. Analyzing patterns of seed production for Chinese Torreya[J]. Hort Science: a publication of the American Society for Horticultural Science,55(6): 1-9.

Chen X, Chen H,2021. Comparing environmental impacts of Chinese Torreya plantations and regular forests using remote sensing [J]. Environment Development and Sustainability,23(1):133-150.

Chen X,Niu J,2020. Evaluating the adaptation of Chinese Torreya plantations to climate change[J]. Atmosphere,11(2):176.

Chen X,2020. Historical radial growth of Chinese Torreya trees and adaptation to climate change[J]. Atmosphere,11(7):691.

Chen Z,Zheng H, Fu Q, et al,1998. Determination of oil contents and fatty acids in seeds of *Torreya* Arn. in China[J]. China Journal of Chinese Materia Medica,23(8): 456.

Coulter J M, Land W J G,1905. Gametohytes and embro of *Torreya taxifolia*. Botanical Gazette[J]. 39:161-178.

Dai W,Li Y H,Fu W J,et al,2018. Spatial variability of soil nutrients in forest areas: A case study from subtropical China. Journal of Plant Nutrition and Soil Science,181 (6): 827-835.

Donegan K K, Schaller D L, Stone J K, et al,1996. Microbial populations, fungal species diversity and plant pathogen levels in field plots of potato plants expressing the *Bacillus thuringiensis* var. *tenebrionis* endotoxin[J]. Transgenic Research,5(1): 25-35.

Fernández-Romero M L, Lozano-García B, Parras-Alcántara L,2014. Topography and land use change effects on the soil organic carbon stock of forest soils in Mediterranean natural areas[J]. Agriculture, Ecosystems & Environment,195:1-9.

Gaitnieks T, Klavina D, Muiznieks I, et al,2016. Impact of Heterobasidion root-rot on fine root morphology and associated fungi in Picea abies stands on peat soils[J]. Mycorrhiza,26(5):465-473.

Girvan M S,Bullimore J, Pretty J N, et al,2003. Soil type is the primary determinant of the composition of the total and active bacterial communities in arable soils[J]. Applied and Environmental Microbiology,69(3):1800-1809.

Hu Y S, Guan L Q,1985. Anatomy of the secondary phloem and the crystalliferous phloem fibers in the stem of *Torreya grandis*[J]. 植物学报(英文版),72(1): 184-185.

Jiang X,1989. Studies on the warty layers of the tracheids of the Chinese Gymnosperm ous woods by electron microscopy[J]. Scientia Silvae Sinicae, 25(1):58-66.

Jin T, Zhang H, Wang H, et al,1997. Constituent analysis of the essential oil in leaves of *Torreya nucifera*[J]. Journal of Chinese Medicinal Materials,20(11):563-568.

Kelly R B, Burke I C,1997. Heterogeneity of soil organic matter following death of individual plants in short grass steppe[J]. Ecology,78(4):1256-1261.

Kim S B, Kim B W, Hyun S K,2018. Comparison of antioxidant activities and effective compounds in Korean and Chinese Torreya seeds[J]. Korean Journal of Food Science and Technology, 50(3):274-279.

Li T T, Hu Y Y, Du X H, et al,2014. Salicylic acid alleviates the adverse effects of salt Stress in *Torreya grandis* cv. Merrillii seedlings by activating photosynthesis and enhancing antioxidant systems[J]. PLOS ONE,9(10):e109492.

Liu Y, Jin S,Luo G,2005. Determination of taxol in aril of *Torreya grandis* cv. Merrilli [J]. Journal of Chinese Medicinal Materials,28(5):370-372.

Liu Z L,Goh S H, Ho S H,2007. Screening of Chinese medicinal herbs for bioactivity against *Sitophilus zeamais* Motschulsky and *Tribolium castaneum*(Herbst)[J]. Journal of Stored Products Research, 43(3):290-296.

Margaret K,1943. Morphological and ontogenetic studies on *Torreya caliifornica* Torr. I. The vegetative apex of the megasporangiate tree[J]. American Journal of Botany, 30:504.

Nahrawi H, Husni M H A, Radziah O,2012. Labile carbon and carbon management index in peat planted with various crops[J]. Communications in Soil Science and Plant Analysis,43(12):1647-1657.

Nayyar H,2003. Accumulation of osmolytes and osmotic adjustment in water-stressed wheat(*Triticum aestivum*) and maize(*Zeamays*) as affected by calcium and its antagonists[J]. Environmental and Experimental Botany, 50:253-264.

Oliveira C A, Alves V M C, Marriel I E, et al, 2009. Phosphate solubilizing microorganisms isolated from rhizosphere of maize cultivated in an oxisol of the Brazilian Cerrado Biome[J]. Soil Biology and Biochemistry,41(9):1782-1787.

Robertson A,1904. Studies in the morphology of *Torreya californica* Torrey. II. The sexual organs and fertilization[J]. The New Phytoloist,3:206-216.

Rousk J, Baath E, Brookes P C, et al,2010. Soil bacterial and fungal communities across a pH gradient in an arable soil[J]. The ISME Journal,4(10):1340-1351.

Ruan Q Y, Zheng X Q, Chen B L, et al,2013. Determination of total oxalate contents of a great variety of foods commonly available in Southern China using an oxalate oxidase prepared from wheat bran[J]. Journal of Food Composition and Analysis,32 (1):6-11.

Rui Z,Zhang Y,Song L, et al,2017. Biochar enhances nut quality of *Torreya grandis* and soil fertility under simulated nitrogen deposition [J]. Forest Ecology and Management,36(2):321-329.

Siles J A, Margesin R,2016. Abundance and diversity of bacterial, archaeal, and fungal communities along an altitudinal gradient in alpine forest soils: what are the driving factors[J]. Microbial Ecology,72(1):207-220.

Tan X,Hu F, Zhang D , et al,2002. Molecular identification of main cultivars of *Torreya grandis* by RAPD Markers[J]. Acta Horticulturae Sinica,29(1):69-71.

Tao F, Cui J J, Xiao Z B, et al,2011. Chemical composition of essential oil from the peel of Chinese *Torreya grandis* Fort[J]. Organic Chemistry International,(3):1-5.

Wang H,Guo T, Ying G Q,2007. Advances in studies on active constituents and their pharmacological activities for plants of *Torreya* Arn[J]. Chinese Traditional and Herbal Drugs,38(11):1748-1750.

Wang X M, Zhou B Z, 2012. Application of logistic regression for land suitability assessment of Torreya plantation in Kuaiji Mountain, east China[J]. ADV MATER RES-SWITZ,518-523:1072-1075.

Wang X, Ke W, Moore N, 2015. Spatial influence of topographical factors on habitat selection of Chinese torreya in East China[J]. NJAS-Wageningen Journal of Life Sciences,10(1):639-642.

Wu Z,Hao Z, Zeng Y, et al,2015. Molecular characterization of microbial communities in the rhizosphere soils and roots of diseased and healthy *Panax notoginseng* [J]. Antonie Van Leeuwenhoek,108(5):1059-1074.

Xing F L I,Gao H Y, Chen H J, et al,2012. Recent advances in research on bioactive compounds and antioxidant activity of *Torreya grandis*[J]. Food Science,33(7):341-345.

Xu L, Ravnskov S, Larsen J, et al, 2012. Linking fungal communities in roots, rhizosphere, and soil to the health status of *Pisum sativum*[J]. FEMS Microbiology Ecology,82(3):736-745.

Yadav R S, Tarafdar J C, 2003. Phytase and phosphatase producing fungi in arid and semi-arid soils and their efficiency in hydrolyzing different organic P compounds[J]. Soil Biology and Biochemistry, 35(6):745-751.

Yang X, Gu C Y, Zang H Y, et al, 2019. First report of Fomitiporia torreyae causing trunk rot on Chinese torreya (*Torreya grandis*) in Anhui province of China[J]. Journal of Plant Patholog, 101(1):1297.

Yang Y, Jin Z H, Jin G H, et al, 2015. Isolation and fatty acid analysis of lipid-producing endophytic fungi from wild Chinese *Torreya grandis* [J]. Microbiology, 84 (5): 710-716.

Yu Y, Han Q, Ni S, et al, 2015. Process optimization and principal component analysis of extracts from Chinese Torreya by supercritical CO_2 technology[J]. Journal of the Chinese Cereals and Oils Association, 30(6):67-73.

Zak J C, Willig M R, Moorhead D L, et al, 1994. Functional diversity of microbial communities: a quantitative approach[J]. Soil Biology and Biochemistry, 26(9):1101-1108.

Zheng D, Chen L G, Zhang A T, 2008. Genetic variation and Fingerprinting of *Torreya grandis* cultivars detected by ISSR markers[J]. Acta Horticulturae Sinica, 35 (8): 1125-1130.